数据安全管理实战指南

余翠玲　时　磊　段荣昌　主编

北京工业大学出版社

图书在版编目（CIP）数据

数据安全管理实战指南 / 余翠玲，时磊，段荣昌主编. -- 北京：北京工业大学出版社，2025.7. -- ISBN 978-7-5639-8737-5

Ⅰ．TP309.2-62

中国国家版本馆 CIP 数据核字第 2024AP1704 号

数据安全管理实战指南

SHUJU ANQUAN GUANLI SHIZHAN ZHINAN

主　　编：	余翠玲　时　磊　段荣昌
责任编辑：	付　存
封面设计：	周书意
出版发行：	北京工业大学出版社　　http://press.bjut.edu.cn
	（北京市朝阳区平乐园 100 号　邮编：100124）
	010-67391722　　bgdcbs@bjut.edu.cn
经销单位：	全国各地新华书店
承印单位：	宝蕾元仁浩（天津）印刷有限公司
开　　本：	710 毫米 ×1000 毫米　1/16
印　　张：	12.25
字　　数：	220 千字
版　　次：	2025 年 7 月第 1 版
印　　次：	2025 年 7 月第 1 次印刷
标准书号：	ISBN 978-7-5639-8737-5
定　　价：	68.00 元

版权所有　翻印必究

（如发现印装质量问题，请寄本社发行部调换　010-67391106）

编委会

主　编　余翠玲　时　磊　段荣昌

副主编　吕　东　鲁　睿　孙旷怡

前言

"数据就是生产力"已经成为业界的共识。作为企业的重要资产,数据是企业数字化转型过程中的关键要素。无论是技术创新或业务模式优化,还是企业决策和新产品开发,所有的一切都将围绕数据展开。

很多科学技术都是一把"双刃剑",它们一方面可以造福社会、造福人类,另一方面也可以被一些人用来损害社会公共利益和民众利益,因而国家强调必须将大数据安全纳入国家安全视野来审视与思考。

《国务院关于印发促进大数据发展行动纲要的通知》强调,要"科学规范利用大数据,切实保障数据安全",再次体现出国家层面对数据安全的高度重视。实际上,未来国家层面的竞争力将部分体现为一国拥有数据的规模、活性以及解释、运用数据的能力,数据主权将成为继边防、海防、空防之后另一个国与国之间博弈的空间。

随着数据量的急速增长,数据安全同样也上升成为重要的管理课题。近来,以公共服务部门、金融单位为代表的整个产业界,不仅是个人信息,企业经营机密的泄露事件也正在逐渐增多,恶意使用此事件而引起的其他犯罪也随之产生,人们对安全的重视程度不断提高。各种数据泄露事故,除了外部黑客所致,由内部的许可人员造成的事故也正在急速增加。为了最终的数据安全,有必要实现数据访问控制、加密、操作审批、漏洞分析等多方位、精密的数据安全管理。

"共建数据安全,共享安全数据",就是要在确保数据安全的前提下,更好地发挥和挖掘数据的潜在价值,创造更好的社会和经济效益。为此,在"数字赋能,共创未来——携手构建网络空间命运共同体"的过程中,我们有必要编写一本关于数据安全管理实战指南的图书,以推进数据资源整合和开放共享,保障大数据安全,助力建设数字中国,更好地为发展我国社会经济和改善人民生活服务。

  在本书的编写过程中，作者对书中所讨论的大数据安全问题慎之又慎，唯恐出现纰漏。然而，限于学识，书中表述可能有不足之处，敬请各位读者不吝批评、指正。对于参阅的大量文献，未能全部列出，特向同行表达深深的歉意。

Contents 目录

第1章 数据安全管理发展态势 ······ 1

1.1 数据安全管理基本概念 ······ 2

1.2 数据安全管理行业态势 ······ 6

1.3 数据安全管理相关技术 ······ 8

1.4 数据标准化 ······ 12

第2章 国内外数据安全发展态势 ······ 15

2.1 研究现状 ······ 16

2.2 数据全生命周期的风险与监管 ······ 19

2.3 数据分类分级 ······ 58

第3章 数据访问权限控制方法研究与设计 ······ 61

3.1 访问权限控制技术的发展 ······ 62

3.2 经典数据访问权限控制 ······ 62

3.3 数据访问权限控制方法新进展 ······ 66

3.4 动静结合的数据访问权限控制方法设计 ······ 68

3.5 总结与分析 ······ 69

第4章 数据审计方法研究与设计 ······ 71

4.1 数据审计方法的发展历程 ······ 72
4.2 数据审计的新技术 ······ 74
4.3 数据审计方法设计 ······ 77
4.4 总结与分析 ······ 79

第5章 数据预处理方法研究与设计 ······ 81

5.1 数据预处理技术调研 ······ 82
5.2 预处理方法设计 ······ 98
5.3 总结与分析 ······ 113

第6章 数据质量管理 ······ 115

6.1 数据质量管理的意义 ······ 116
6.2 数据质量管理的基本内涵与标准 ······ 117
6.3 数据质量管理业务与标准评价 ······ 124
6.4 数据质量管理活动与作用 ······ 128
6.5 数据质量管理技术 ······ 135

第7章 数据安全管理制度 ······ 141

7.1 数据安全管理基本原则 ······ 142
7.2 数据安全管理制度要求 ······ 143
7.3 数据安全管理制度体系 ······ 144
7.4 已出台的数据安全管理制度 ······ 145

目录

第8章 数据安全管理组织和人员管理 ... 147
8.1 数据安全管理组织架构 ... 148
8.2 数据安全人员管理 ... 149

第9章 数据分类分级 ... 153
9.1 数据分类分级基本原则 ... 154
9.2 数据分类分级依据 ... 155
9.3 数据分类方法 ... 155
9.4 数据分级方法 ... 157

第10章 数据安全风险评估 ... 161
10.1 数据安全风险评估思路 ... 162
10.2 数据安全风险评估内容 ... 162
10.3 数据安全风险评估流程 ... 164
10.4 数据安全风险评估手段 ... 164
10.5 典型数据安全风险类别 ... 165
10.6 数据安全风险评估的拓展 ... 166
10.7 数据全生命周期风险管理 ... 170

第11章 数据安全管理行业案例 ... 171
11.1 数据安全管理案例：某征信公司数据泄露 ... 172
11.2 数据安全管理案例：某连锁超市的支付卡信息泄露 ... 173
11.3 某金融机构数据安全治理项目 ... 175

11.4　某大数据局数据安全分类分级项目 ································· 176

11.5　某大型能源集团数据安全治理项目 ································· 177

11.6　某制造企业数据安全治理项目 ····································· 178

参考文献 ··· 179

第1章 数据安全管理发展态势

1.1 数据安全管理基本概念

"互联网+"业务飞速发展并逐步渗透到各行各业，目前，基本上所有的政府机构以及企业都在一定程度上处理着数据。由于数据安全领域面对的环境和业务复杂多样，需要通过采取必要措施，以确保数据处于有效保护和合法利用的状态。无论是处理大量个人和组织财务数据的银行系统，还是运营商和互联网厂商提供的基础云服务，抑或是在移动电话上存储用户照片，都需要有效做好数据安全管理。因此，我们要了解并清楚数据的定义、数据安全需求以及数据安全方面存在的主要问题。

1.1.1 数据的定义

从基础定义上看，数据是事实或观察的结果，是对客观事物的逻辑归纳，是用于表示客观事物并且未经加工的原始素材，是任何以电子或其他方式对信息的记录。数据是信息的表现形式和载体，可以是符号、文字、数字、语音、图像、视频等。数据和信息是不可分离的，数据是信息的表达，信息是数据的内涵。数据本身没有意义，只有对实体行为产生影响时才能成为信息。从形式上看，数据可以是连续的量，如声音、图像，我们称之为模拟数据；也可以是离散的量，如符号、文字，我们称之为数字数据。

数据安全主要关注"需要受保护的数据"的安全防护。对于一般组织和个人而言，"个人数据"和"敏感个人数据"这两个概念尤为重要。个人数据也称为个人信息，是与个人身份有关的任何信息。个人数据范围非常广泛，不同国家和地区对于个人数据的定义略有不同，但对于个人数据的保护原则类似。个人数据可分为两大类型，分别是个人身份信息（personally identifiable information，PII）和个人隐私信息。敏感个人数据是个人数据的子集。不同的国家和地区对其范畴的定义也不尽相同。一般而言，个人财务数据（如银行卡）、个人健康数据（如基因、病历）、个人生物识别特征（如面部特征、指纹）都被认为是敏感个人数据。当处理敏感个人数据时，在实施必备的安全防护机制的同时，还需要满足适用的法律法规及监管要求。

1.1.2 数据安全需求

在设计和实现系统、产品、服务时，如果涉及用户个人数据、敏感个人数据或商业秘密，就需要考虑数据安全的需求。

数据安全的典型需求有以下7种：①法律法规遵循的需求；②国际国内标准的需求；③行业标准、惯例、最佳实践的需求；④所服务的客户的需求；⑤竞争的需求；⑥数据内部质量改进的需求；⑦问题反馈驱动的需求。

上述数据安全的典型需求可以汇总为合规需求、外部洞察需求和内部洞察需求三类，其中①、②、③为合规需求，④和⑤为外部洞察需求，⑥和⑦为内部洞察需求。合规需求的效力如图1-1所示。

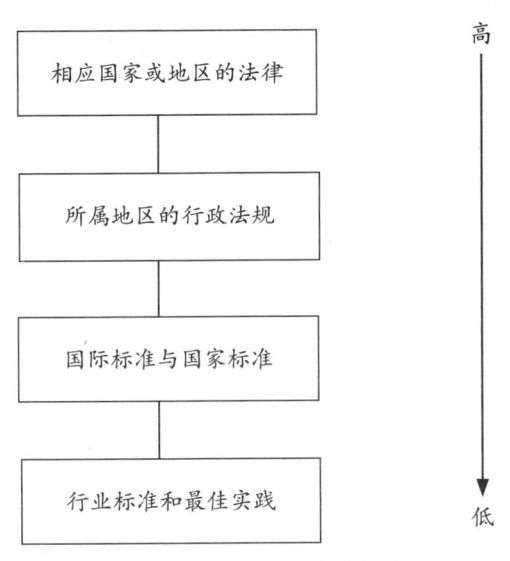

```
┌─────────────────────┐         高
│ 相应国家或地区的法律 │          ↑
└─────────────────────┘          │
           │                     │
┌─────────────────────┐          │
│  所属地区的行政法规  │          │
└─────────────────────┘          │
           │                     │
┌─────────────────────┐          │
│  国际标准与国家标准  │          │
└─────────────────────┘          │
           │                     │
┌─────────────────────┐          │
│  行业标准和最佳实践  │          ↓
└─────────────────────┘         低
```

图 1-1 合规需求的效力

值得注意的是，合规需求的"规"，是指法律法规和种类标准，从业者应关注适用的法律法规和种类标准的动态发展，分析其影响，并据此制定或改善相关安全控制措施以做到合规。

1.1.3 数据安全方面存在的主要问题

在数字化时代严峻的安全形势下，我国很多机构和企业的数据安全保护存在认识不够到位，制度不够健全、措施不够完善和保障不够充分等问题。

1.重数据开发利用、轻安全规划建设的现象仍然存在

一些种类的数据，权属关系不明确，保护责任义务不清晰、不明确。另外，许多部门对数据安全认识不够，对发展和安全的统筹力度不够，重数据开发利用、轻安全规划建设。一些地方的智慧城市建设方案缺少相关数据安全保护规划。有的地方政府部门为推进大数据、云服务数字化建设，在没有解决安全需求的情况下，强制要求各重要行业部门将数据集中、内网互联等，从而埋下重大网络安全风险隐患。

2.数据安全综合防御体系尚未完善

目前，我国数据安全防护以单点和单体防御为主，各行业部门单打独斗，防护面不够完整，尚未形成整体合力。数字化时代的网络攻击，加上数据窃取的精准性、先进性、隐秘性以及破坏性都较强，导致传统的、单一的防护措施难以适应，数据安全已成为体系化问题。在智能化、专业化网络和数据窃取等应对方面，目前的防御手段和技术能力仍有不足。

3.数据安全基础保障不足

数字化时代的网络安全保护任务艰巨而复杂，但相对数据安全保护的需要，目前政府有关部门、重要行业、央企、互联网企业的数据安全专门机构以及专业人员配备还显不足。超过70%的重要行业部门缺少专业的数据安全保护人员，在很多单位，负责其数据安全工作的是兼职人员。另外，部分数字化建设项目没有规划配套的数据安全建设及运维资金，从而使数据安全保护经费难以得到保障。

1.1.4 数据安全管理

数据安全管理是指为数据和信息资产提供正确的身份验证、授权、访问和审计，保证数据信息的可用性、完整性、机密性，降低在数据采集、存储、传输、访问/使用、备份、销毁、归档等环节数据被泄露、滥用和丢失的风险，保障关键数据安全，实现数据信息可控、能控、在控。

数据安全体系搭建主要从安全策略、安全管理、审计与考核三个方面进行，不断补充和优化数据安全管理框架、制度、流程、指导书。具体内容包括数据安全使用和数据安全控制。

1.数据安全使用

数据安全使用包括数据脱敏管理、数据访问控制、数据加密管理等内容。

静态脱敏是将原数据源按照脱敏规则生成一个脱敏后的数据源，使用的时候是从脱敏后的数据源获取数据，脱敏后数据与生产环境相隔离，满足业务需求的同时保障生产数据库的安全。主要应用场景为非生产环境，一般用于开发、测试、分析等需要完整数据的场景，以排查问题或进行数据分析等。

动态数据脱敏则是在使用时直接与原数据源进行连接，在使用数据的中间过程中进行实时的脱敏，可以为不同角色、不同权限、不同数据类型执行不同的脱敏方案，从而确保返回的数据可用且安全。主要应用场景为生产环境、生产系统中对数据要求实时性比较高的场景，例如运维脱敏、业务脱敏、数据交换。

数据访问控制指对数据层的控制，通过应用程序防火墙和加密，阻断异常的查询和访问，防止敏感数据泄露，限制数据服务的访问。比如数据水印的使用，能将标记信息嵌入原始数据进行溯源。

数据加密是最常用的数据安全保密手段，利用技术手段把重要的数据变为乱码（加密）传送或者存储，到达目的地后或者使用的时候，再用相同或不同的手段还原（解密）。

数据加密通常包括密钥管理和算法管理。密钥是对数据进行编码和解密的一种算法；算法是将普通的信息或者可以理解的信息与一串数字（密钥）结合，产生不可理解的密文的步骤。

2.数据安全控制

数据安全控制包括敏感数据识别、敏感信息识别、敏感数据监控、数据安全审计等内容。

敏感数据识别是指通过敏感信息规则库自动识别敏感数据，对结构化数据表或者非结构化文件进行整体扫描、分级。

敏感信息识别方法包括定期全库扫描、识别敏感字段、新增或修改表和字段、增量扫描识别出敏感字段、手动触发扫描等。

敏感数据监控是指通过对应用运行时的数据和数据流进行分析，判断程序对敏感数据传输的处理措施，实现敏感数据传输过程的安全监测，包括敏感数据精准分析和敏感信息展示与预警。

敏感数据精准分析是依据敏感信息的规则，通过对程序执行的数据和数据流程的上下文的跟踪，分析敏感数据的访问与交互信息。

敏感信息展示与预警是依据敏感信息分析结果，对敏感数据信息进行实时和非实时的展示，并对关键信息进行实时监控和预警。

数据安全审计是对各类账号访问、操作行为进行日志记录并定期审计。它是发现违规行为的必要手段，也是安全事件事后调查的必要手段。数据安全审计是进行数据安全控制的事后保障措施。

1.2 数据安全管理行业态势

下面我们从金融行业、医疗卫生领域以及教育事业等方面，了解其数据安全管理态势。

1.2.1 金融业

金融行业作为关系国家经济稳定运行的命脉，其数据安全不容有失。作为数据密集型行业，金融行业海量数据在释放要素价值的同时，也面临数据泄露、数据违规收集、传输等安全风险和挑战。由于金融行业数据价值的凸显以及商业利益的驱动，数据非法采集、数据贩卖、数据篡改、数据攻击、数据权限滥用等安全问题不断涌现。如何保障数据安全，促进数据合法、安全、有效流通，充分发挥数据综合价值，已然成为金融行业必须应对的重要挑战。金融领域数据安全风险点主要集中在五个方面，分别是数据开放性显著增强、数据安全保护意识有待提升、数据安全相关法律法规不够健全、数据权属关系不够明确以及新技术攻击手段多样化。

近年来，中国人民银行、银保监会（2023年5月起更名为"国家金融监督管理总局"）、中国证监会等国家机构发布了一系列金融行业数据安全相关的政策、规章及标准文件，初步构建了金融领域数据安全的体系框架，为金融数据能力和安全建设提供了依据和指引。为进一步加强金融数据应用的安全与合规建设，金融监管部门不断出台金融数据安全管理相关法律法规。2023年6月底，国家金融监督管理总局向各地方银保监局、银行、保险公司、理财公司等机构下发了《关于加强第三方合作中网络和数据安全管理的通知》，基于多家银行机构的外包科技风险情况，为银行业加强外包数据安全管理提出了建设性的指导意见。其中要求，"银行保险机构对外提供数据应按'业务必需、最小权限'原则进行，系统和数据应优先在银行保险机构本地化部署"。在此基础上，中国人民银行于2023年7月发布《中国人民银行业务领域数据安全管理办法（征求意见稿）》，规范中国人民银行业务领域的数据安全管理，推进数据分类分级管理。其中，对数据安全工作明确提出应遵循"谁管业务，谁管业务数据，谁管数据安全"的基本原则。要求数据处理者采取有效措施保护数据安全，同时压实了数据处理活动全流程安全合规责任和底线。细化后的规范为日后金融行业从业者如何处理数据，特别是敏感数据指明了方向。其中提出较敏感数据项加工后无法识别至特定个人、组织时，可降低敏感性层级，也为积极促进数据高效流通和创新应用，更好地促进数据依法合规开发利用等方面奠定了基础。

1.2.2 医疗卫生领域

医疗卫生数据是指医疗机构、卫生部门以及相关机构在开展医疗卫生服务过程中产生的各种数据。

2022年12月，国家卫生健康委发布《国家健康医疗大数据标准、安全和服务管理办法（试行）》，明确相关责任，提出相关管理措施。健康医疗大数据是指在人们疾病防治、健康管理等过程中产生的与健康医疗相关的数据。与此同时，医疗机构应采取技术和管理手段，对医疗卫生数据进行全面保护，制定隐私保护政策，对患者信息进行严格管理和保密。制定日志追踪、权限控制等措施，防止未经授权的人员篡改和泄露数据。

1.2.3 教育事业

教育数据的收集、存储和使用为教育管理和决策提供了重要支持，其安全管理对教育事业的长足发展至关重要。2020年9月，国家发布《关于加强教育系统数据安全的指导意见》；2023年，为加强教育系统数据安全管理，防范数据泄露和滥用，教育部等部门联合制定并发布了《关于加强教育系统数据安全领导的管理机制》，要求各级教育行政部门和学校建立健全数据安全政策，明确数据安全管理目标、原则、组织架构和职责分工。相关部门通过建立健全数据安全政策和管理框架，加强技术培训和风险评估与应对等方面的措施，保障教育数据安全，保障师生隐私和权益，促进教育事业健康发展。

1.3 数据安全管理相关技术

数据安全管理相关技术包罗万象，可分为加密技术，访问控制技术和监控、防护及安全处理技术。

1.3.1 加密技术

加密技术包括端点加密、文件加密、数据库加密、格式保留加密、以数据为中心的加密等。

端点加密是分层数据安全策略的重要组成部分。企业在应用端点加密技术时还会结合多层保护，包括防火墙、入侵防护、反恶意软件和数据丢失防护。加密是保护数据的最后一层，以防数据落入错误的人手中。从实现原理上看，加密是对数据进行编码或加扰的过程，因此，除非用户有正确的解密密钥，否则数据将不可读、不可用。端点加密有两种基本的加密方法：一是整个驱动器加密，该加密方法导致便携式计算机、服务器或其他设备无法使用，只有持有正确PIN的人才能使用；二是文件、文件夹和可移动媒体加密，该加密方法仅锁定特定的文件或文件夹。

文件加密是更细粒度的加密技术。文件加密方案的呈现方式不尽相同。有的显示为一个加密的驱动器，用户只需要将需加密的文件拖放到该驱动器中即可。有的是对通用文件类型的加密方案，如压缩工具类软件，支持在压缩时设置密码加密文件。有的则支持对特定文档的加密。单独的文件或文件夹加密取决于用户的意识和最佳实践，以确保所有的适当信息都被加密。基于使用场景选择适合的文件加密方案，可以在网络传输信息时为文件提供保护，以防止数据泄露。

数据库加密在一定意义上是存储状态加密的一个分类。数据库加密应对数据提供机密性、认证、数据完整性、防抵赖的保护，在理想情况下并不影响用户的易用性。在典型的现代数据库中，应用程序通过数据库引擎访问数据库，实现对数据的操作。数据库引擎本身通过操作系统的文件系统机制，存储一个或多个文件到硬盘等存储硬件中。数据库加密可以分为应用层加密、数据库层加密、文件系统层加密以及存储层加密四个不同的层级。这四个层级的加密方式各有其适用的场景，并且非互斥关系，甚至在某些要求程度比较高的场合中，这些加密方式可以共同使用。

格式保留加密要求密文与明文具有相同的"格式"。格式的含义根据具体场景有所不同，但都包含字符集（数字、字母）和长度的需求。该加密方式具有加密前后数据格式相同、但是数据长度不变、数据类型不变、加密过程可逆等特点。该加密技术可提供一种与数据库无关的应用层加密机制，在不加重服务器处理负荷的同时，还可以兼容现有的数据库系统结构，而且系统改造成本小，是较为合适的数据库加密方法之一。格式保留加密可用于生产环境的数据库应用系统的安全性增强、测试环境的数据遮蔽以及格式兼容的加密领域等。

以数据为中心的加密将视角从数据的安全与访问控制转换到加密数据的密钥安全与访问控制，因此，这一方法依赖于细粒度的访问控制策略，并且要求密钥的访问控制决策点尽量靠近数据使用的端点，从而能在传输过程中充分保持数据的机密性。一些新兴的、以数据为中心的加密技术正在兴起。例如，对数据进行时间标记并保证元数据的完整性，使数据可追溯、可实时检索等，这样就避免了人为复制，并且避免了篡改的可能性，从而减少了攻击面；甚至可以将关键数据放入区块链，利用账本的完整性保护和共识算法等安全机制，确保数据的使用、变更可追溯、可审计。

1.3.2 访问控制技术

访问控制可以分为自主访问控制、强制访问控制、基于角色的访问控制以及基于属性的访问控制。

自主访问控制是一种基于身份的访问控制策略。之所以称为"自主"，是因为主体（所有者）可以将经过认证的对象或信息访问转移给其他主体。换句话说，所有者决定对象的访问权限。自主访问控制的机制比较灵活，被大量采用。

强制访问控制是由中心化的权威实体定义，对系统内的主体和客体统一执行的访问控制策略。由系统按照既定的规则，如主体和客体的安全属性，控制主体和客体的权限和操作。主体无权改变访问控制规则，不能将权力传递给其他主体，也无权改变与主体或客体相关的安全属性。

基于角色的访问控制是通过对角色的访问进行控制。角色就是一个或一群用户在组织内可执行的操作集合。每个角色与一组用户和有关的动作互相关联，角色中所属的用户可以有权执行这些操作。由于权限与角色相关联，用户只有成为适当角色才能得到其角色的权限。系统管理员定义角色同时执行权限。权限是强加给用户的，不能自主转让，所以基于角色的访问控制是非自主型访问控制。基于角色的访问控制具有便于控制授权管理，降低管理开销，便于根据工作需要分级、职责分离，便于赋予最小特权，便于客体分类及文件分级管理等优势，多用于大型组织和企业中，能够提高企业安全策略的灵活性。

基于属性的访问控制的概念已经存在了很多年。从传统上说，访问控制基于用户的身份（角色或所属的组），判断是否允许用户的资源访问请求。鉴于需要将功能直接与用户或其角色或组相关联，这种访问控制通常很难管理。另外，身份、组和角色的请求者限定符在实际访问控制策略的表达中通常不足。一种替代方法是基于用户的任意属性和对象的任意属性，以及可能被全局识别并与当前策略更相关的环境条件来授予或拒绝用户请求。这种方法通常称为基于属性的访问控制。

1.3.3 监控、防护及安全处理技术

在当前的网络空间中，网络空间威胁形式日益增多，创新的攻击方法层出不穷，这给每个组织都带来了实实在在且越来越大的威胁，同时给数据安全管理带来了极大挑战。仅采用加密和访问控制技术并不足以应对这些威胁和挑战，还需要用到监控技术。监控技术包括文件完整性监控和数据库监控。

文件完整性监控是指一种IT安全技术和流程，用于检测操作系统、数据库和应用程序是否已被篡改或损坏。其作为一种变更审计机制，通过将文件的最新版本与已知的受信任的"基准"进行比较，来验证这些文件，如果测试和检查到文件已被更改、更新或受到破坏，那么通过文件完整性监控可以生成警报以确保进一步调查，并在必要时对文件进行修复。文件完整性监控不仅包括被动式审核（取证场景），还包括基于规则的主动式监控。

数据库监控是对数据库采取安全防护措施，以保护数据安全。常用的数据库监控主要有数据活动监控工具以及数据混淆技术。使用数据活动监控工具能够及时发现针对数据库的可疑活动。在大多数场景下，还需要集成使用边界安全工具（如防火墙）、身份和访问管理平台、数据泄露防护工具，以及日志管理工具、安全信息和事件管理等工具或平台，以提供最终的数据安全解决方案。数据活动监控工具已从基本的账户活动分析演变为强大的"以数据为中心"的安全措施，

如数据发现和分类、用户权限管理、特权用户监控、数据保护以及防止丢失等。数据混淆技术可以使被窃取的数据失去价值，如加密和数据屏蔽（掩码）。

1.防火墙

防火墙是系统中的初始安全层，旨在防止未经授权的来源访问个人或企业数据。防火墙充当个人或企业网络与公共互联网之间的中介。防火墙使用预先配置的规则检查所有进出网络的数据包，因此有助于阻止恶意软件和其他未经授权的流量连接到网络上的设备。

不同类型的防火墙包括以下几种：基本的包过滤防火墙；线路级网关；应用级网关；状态检查防火墙；下一代防火墙。

2.认证授权

使用两个过程来确保只有适当的用户才能访问数据：身份验证和授权。

身份验证示例如下：密码；多因素身份验证；生物特征扫描；行为扫描。

一旦用户证明了他们的身份，授权将确定用户是否具有访问特定数据并与之交互的适当权限。通过授权的用户可以在系统内获得读取、编辑和写入不同资源的权限。

授权示例如下：最小权限访问原则；基于属性的访问控制；基于角色的访问控制。

3.数据加密

数据加密的示例如下：非对称加密，也称为公钥加密；对称加密，也称为密钥加密；保护静态数据涉及端点加密，可以通过文件这种加密或全盘加密方法完成。

4.数据屏蔽

数据屏蔽会掩盖数据，因此即使有人将这种数据泄露，数据内容也无法被理解。与使用加密算法对数据进行编码的加密不同，数据屏蔽涉及用相似但虚假的数据替换合法数据。企业也可以在不需要使用真实数据的场景中使用这些数据，例如，用于软件测试或用户培训。

标记化是数据屏蔽的一个例子。它涉及用唯一的字符串替换数据，该字符串没有任何价值，如果被网络攻击者捕获，则无法进行逆向工程。

数据屏蔽的其他示例如下：数据去识别化；数据泛化；数据匿名化；化名。

5.基于硬件的安全性

基于硬件的安全性涉及对设备的物理保护，而不是仅仅依赖安装在硬件上的软件。由于网络攻击者针对每个IT层，企业需要内置于芯片中的保护措施以确保设备得到强化。

基于硬件的安全性示例如下：基于硬件的防火墙；代理服务器；硬件安全模块。

基于硬件的安全性通常与主处理器隔离运行。

6.数据备份和弹性

数据备份保护的一个例子是数据存储，它创建了备份数据的气隙版本。企业还应遵循3—2—1备份策略，这要求在不同位置至少保存3个数据副本。

其他类型的数据备份保护包括以下几种：冗余，云备份，外置硬盘，硬件设备。

7.数据擦除

企业必须能够适当地销毁数据，尤其是在《通用数据保护条例》（*general data protection regulation*，GDPR）等法规规定客户可以要求删除其个人数据之后。

其他类型的数据擦除包括以下几种：覆盖；物理破坏；消磁。

1.4 数据标准化

1.4.1 数据标准化基本内涵

数据标准化是指确立分散在各个系统中的信息要素的定义、名称、格式后将其推广应用到全公司的活动。数据标准化不仅有助于确认数据的正确含义，还可据此调整对数据的审视角度。

1.数据名称

数据名称是企业内唯一区分数据的名称，因此，数据名称标准化需要对同音异义词和异音同义词进行定义。数据名称通常应符合以下原则。

唯一性。数据名称应是唯一区分特定概念的称号。为使所有用户对同一概念使用统一的用语，只允许使用同一名称。例如，"客户账号""客户账户号"应统一为"客户账号"，"邮箱地址""邮箱"应统一为"邮箱地址"。

业务观点的普遍性。数据名称应该是从业务观点出发并具有普遍认知的名称。当企业和组织内部成员指定相应概念的名称时，通常都希望使用最常用的业务用语。

2.数据定义

数据定义应指定相应数据含义的范围和资格条件。针对仅通过名称难以向用户传达准确信息的其他事项，为了使用户完全理解数据的含义，应明确指出业务观点的范围和资格条件。此外，数据定义应成为数据所有者的决定标准。

描述数据定义时应考虑以下事项：为了使数据用户完全理解数据的含义，应从不了解相关业务的第三者的立场出发进行描述；只通过叙述式定义难以表达数据的含义时，应同时提供实际可能产生的数据值的描述；尽量不要按原样描述数据名称或使用缩写和专业用语描述。

3.定义数据格式

使用数据格式，可通过定义数据表现形态将数据输入错误和控制风险降到最低。数据格式的定义应与业务规则和使用目的一致。数据格式有以下几种：数值（numeric），文本（text），日期（date），字符（char），时间戳（timestamp），数据长度和小数点位数。

定义数据格式时应考虑以下事项：通过定义域并应用到数据标准，统一性质类似的不同数据的数据形式；当数据的最大值或最大长度不固定时，定义时应留有余量；对特殊数据类型（CLOB、LONG、RAW等）执行数据查询、备份、实行等操作时存在很多限制，尽量不要使用。

1.4.2 数据管理改善方案与标准化效果

数据是企业战略决策的核心要素，为了实现数据整合、达到数据质量要求，需对企业数据实行标准化管理。

当企业数据实现标准化后，当前用户即可使用正确的数据，做出正确的决策。这对确保企业的竞争力有很大的推动作用。

数据实行标准化管理后有以下效果：

通过统一的名称实现更加明确的交流。对相同数据使用相同名称，可在多种层级间实现明确、迅速的交流。

减少掌握所需数据素材而花费的时间和精力。当出现新的信息请求时，使用标准化的数据可使相关人员快速掌握数据的含义和数据的位置等，并在数据使用人员期望的时间内提供正确的信息。

第2章　国内外数据安全发展态势

本章将调研国内外数据安全相关法律情况，并分析提炼数据全生命周期的风险点与监管要点，提出防范、转移、规避风险的方法以及相应的监管方法。

2.1 研究现状

2.1.1 国内研究进展

1.法律层面

在国内数据安全方面，我国通过近年来陆续出台的相关法律政策，统筹发展和安全，推动数据安全建设。2021年，随着《中华人民共和国数据安全法》（以下简称《数据安全法》）、《中华人民共和国个人信息保护法》（以下简称《个人信息保护法》）的出台，与之前已有的《中华人民共和国国家安全法》（以下简称《国家安全法》）、《中华人民共和国网络安全法》（以下简称《网络安全法》）、《中华人民共和国密码法》（以下简称（《密码法》）、《中华人民共和国民法典》（以下简称《民法典》）形成"五法一典"安全体系。《网络安全法》《数据安全法》《个人信息保护法》三部立法分别从保障网络安全、规范数据处理活动、保护个人信息权益的角度，做出了保障国家数据安全的相关规定。我国数据安全法制化建设不断推进，监管体系不断完善，安全由"或有"变成"刚需"。结合顶层设计、法律法规，数据安全新监管同时体现对过程和结果的合规要求。

个人信息的法律保护问题是近半个世纪以来各个国家随着信息社会的发展而日益凸显的问题。而在我国，网络侵犯隐私权和个人信息的滥用的情形主要集中在个人信息的收集、处理、传输和利用等环节中。概括起来主要表现在非法获取、传输、利用用户的个人数据资料、非法侵入用户的私人空间、干扰私人活动以及破坏用户个人网络生活的安宁和秩序等方面。

2.行政法规层面

《关键信息基础设施安全保护条例》明确规定了关键信息基础设施安全保护的要求；《网络数据安全管理条例》旨在规范网络数据处理活动，保障网络数据安全。

3.部门规章及规范性文件层面

《信息安全等级保护管理办法》提出了网络安全等级保护的要求；《网络数据安全标准体系建设指南》《工业和信息化领域数据安全管理办法（试行）》做出了工业和信息化领域数据安全管理相关规定。

2021年12月，国家互联网信息办公室发布《网络安全审查办法》，要求提升重要设施设备安全可靠水平，增强重点行业数据安全保障能力，维护国家安全。2022年7月，国家互联网信息办公室发布《数据出境安全评估办法》，开启数据出境监管新篇章，标志着我国在数据治理方面取得了新的成效。

2.1.2 国外研究进展

国外在数据安全方面也有相关的法律制度。成熟的例子如欧盟成员国、美国、俄罗斯等，其中欧盟制定了数据安全法律框架，明确了数据收集和使用限制、流动规则、管理方式及处罚原则。

欧盟的数据安全立法无论是在立法时间还是在立法系统性上，都处于全球领先位置。作为一个经济共同体，欧盟在数据安全立法方面的出发点与一般实体国家存在区别，其更强调技术导向的数据共享与自由流动，消除成员国间的信息屏障。为达到这一目标，欧盟必须在数据存储处理、公民基本权利、数据安全保护和监管、数据跨境流动等方面构建完善的法律框架。欧盟制定了数据安全法律框架，明确了数据收集和使用限制、流动规则、管理方式及处罚原则。2020年《数据治理法案》、2022年《数据法案（草案）》、2022年《数字市场法案》、2022年《数字服务法案》作为落实"欧洲数据战略"所采取的重要立法举措，为欧洲新的数据治理方式奠定了基础。

德国则在欧盟法律的基础上更加细化欧盟的法律规定，建立了完备的数据安全法律制度，严格数据获取和使用责任。德国最早通过明确立法对数据进行严格保护，已建成从联邦立法到地方立法、从一般立法到专门领域立法的全方位数据保护法律体系框架，这个体系在世界范围内同样具有领先性。同时，德国在数据保护领域长期致力于欧洲法律一体化的协调发展，深刻影响了欧洲乃至全球的数据立法进程。近年来，德国对电子监控、个人信息存储、电子办公、工业互联网、视频会议等新兴技术发展带来的挑战予以高度关注，因此，通过细化法律形式强化数据安全风险管理。2021年5月28日，德国联邦议院颁布《IT安全法》2.0版本，旨在保护重要基础设施数据安全，通过弥补法律漏洞并扩大监管框架，以提高德国IT系统的安全性，并加强国家安全。

英国则一方面重视对数据的安全保护，另一方面加大投入，制定了提升数据能力的战略目标。英国在数据安全保护方面制定了一系列政策和原则。在欧盟数据保护的法律框架影响下，英国对个人数据和隐私的立法保护，以成文法为立法核心，逐渐形成由法典、判例法、民间实践、二级成文法和执法机构组成的数据保护制度体系，比较典型的有《数据保护法》《隐私与电子通信条例》《网络和信息系统安全法规》《通用数据保护条例》《国家网络安全战略2022—2030》《数据改革法案》等。因为英国在2020年年底离开欧盟，不再受《通用数据保护条例》管辖，所以需要一部新的法规保障公民个人数据权利，英国GDPR由此诞生。英国GDPR是英国通用数据保护条例，于2021年1月1日生效，涵盖了英国处理个人数据时的主要原则及权利和义务。2022年5月10日，英国举行国家议会开幕式，英国王储查尔斯王子在演讲中公布了一项新的《数据改革法案》，旨在指导英国独立于欧盟隐私立法。该法案将用于改革英国现有的《通用数据保护条例》和《数据保护法案》。

法国作为最早开发网络技术的国家之一，其互联网已经十分普及。互联网的快速发展，凸显了网络管理的重要性。法国致力于保障个人信息的安全，并力求通过立法的形式治理数据安全问题。法国的《个人数据保护法》于2018年11月7日生效，该法案系法国落实欧盟《通用数据保护条例》的立法举措，目的在于保护公民的个人数据信息安全。2018年12月12日，法国政府通过了新版本的法国《数据保护法》。作为提醒，法国立法者已授权法国政府通过法令进行立法，以实现法国数据保护法与GDPR之间相互衔接的周延性。该法律建立在《信息技术与自由法案》的基础之上。

俄罗斯数据与信息安全法规体系是以《俄罗斯联邦宪法》为基础的统一立法。2006年7月正式颁布的《个人数据法》，联合《国家秘密法》《俄罗斯联邦安全法》和《商业秘密法》等法规构建起数据与信息安全法律制度体系。2020年12月10日，俄罗斯联邦议会国家杜马发布《俄罗斯联邦个人数据法》修正案，进一步明确公共个人数据处理规则，旨在建立保护个人数据主体权利和自由的机制。俄罗斯国家数据安全制度体现在四个重要方面：信息安全贯穿俄罗斯国家数据安全始终，个人数据安全突出俄罗斯国家数据安全特点，网络数据安全凸显网络安全与国家安全的密切关系，商业数据安全凸显国家经济安全。

美国是世界上最早提出隐私权并予以法律保护的国家之一，政府长期秉持数据开放和数据自由流动相结合的数据治理理念，坚持以市场为主导、以行业自治为主要手段，但至今仍没有出台全面的联邦数据隐私法。就层级而言，美国在从联邦到州地方各级政府都实行三权分立的基础上，同时实行联邦和州两个层级之间的纵向分权，立法也更加分散多元化。在联邦层面上，2021年《关于加强国家网络安全的行政命令》由总统签署发布，聚焦于网络安全的保护。2021年8月，美国统一宪法与法律委员会投票通过了《统一个人数据保护法》，这是一项旨在统一各州隐私立法的示范法案，于颁布之日起180日后生效。在州层面上，由州长签署发布的2021年弗吉尼亚州《消费者数据保护法》，作为专门针对弗吉尼亚州消费者的隐私保护法律，对其他州的立法进程具有重要标杆作用和参考价值。

加拿大是世界上最早建成国家光纤网的国家之一，其电子政务建设多年处于全球领先地位。互联网的高度普及和服务的飞速发展使加拿大拥有世界上高水平的互联网基础设施。加拿大最初的法律适用主体是政府。2020年11月17日，加拿大政府官网发布公告称，《2020年数字宪章实施法案》已进入加拿大下议院的立法程序。该法适用于与个人信息相关的各类组织，比如某组织在商业活动中存在的收集、使用或披露个人信息等。

相较于欧美在个人信息保护方面的立法，日本个人信息保护的立法起步较晚，其在立法过程中，在广泛借鉴欧美先进立法经验的同时，也充分考虑了日本本国的实际情况。基于数据驱动创新和个人信息保护的平衡，日本采取了较为中立的统分结合立法监管模式，通过采取统一综合立法和特定领域制定个别立法的方式，实现对个人信息使用的严格规制，同时保证数据流动性以激励企业创新。在个人信息保护方面，如今施行的《个人信息保护法》（2023年）搭建了日本个人信息保护的立法制度体系。在网络安全方面，2021年最新版《网络安全战略》，构建了网络空间相关的法律框架。

2.2 数据全生命周期的风险与监管

本节从数据收集、存储、使用、加工、提供、传输、公开、销毁八个阶段入手，多角色、多角度地提炼数据使用风险点和监管要点，提出防范、转移、规避风险的方法以及相应的监管方法。

2.2.1 收集阶段

收集阶段相关法律法规见表 2-1、收集阶段风险点和风险防范要点见表 2-2。

表2-1 收集阶段相关法律法规

项目	法律	行政法规	国家标准
政府	《个人信息保护法》第六条：处理个人信息应当具有明确、合理的目的，并应当与处理目的直接相关，采取对个人权益影响最小的方式。收集个人信息应当限于实现处理目的的最小范围，不得过度收集个人信息 《个人信息保护法》第十条：任何组织、个人不得非法收集、使用、加工、传输他人个人信息，不得非法买卖、提供或者公开他人个人信息；不得从事危害国家安全、公共利益的个人信息处理活动 《个人信息保护法》第二十六条：在公共场所安装图像采集、个人身份识别设备，应当为维护公共安全所必需，遵守国家有关规定，并设置显著的提示标识。所收集的个人图像、身份识别信息只能用于维护公共安全的目的，不得用于其他目的；取得个人单独同意的除外 《数据安全法》第三十一条：关键信息基础设施的运营者在中华人民共和国境内运营中收集和产生的重要数据的出境安全管理，适用《网络安全法》的规定；其他数据处理者在中华人民共和国境内运营中收集和产生的重要数据的出境安全管理办法，由国家网信部门会同国务院有关部门制定 《数据安全法》第三十二条：任何组织、个人收集数据，应当采取合法、正当的方式，不得窃取或者以其他非法方式获取数据。法律、行政法规对收集、使用数据的目的、范围有规定的，应当在法律、行政法规规定的目的和范围内收集、使用数据 《数据安全法》第三十八条：国家机关为履行法定职责的需要收集、使用数据，应当在其履行法定职责的范围内依照法律、行政法规规定的条件和程序进行；对在履行职责中知悉的个人隐私、个人信息、商业秘密、保密商务信息等数据应当依法予以保密，不得泄露或者非法向他人提供	《网络数据安全管理条例》第八条：任何个人、组织不得利用网络数据从事非法活动，不得从事窃取或者以其他非法方式获取网络数据、非法出售或者非法向他人提供网络数据等非法网络数据处理活动 《网络数据安全管理条例》第十八条：网络数据处理者使用自动化工具访问、收集网络数据，应当评估对网络服务带来的影响，不得非法侵入他人网络，不得干扰网络服务正常运行 《网络数据安全管理条例》第二十一条：网络数据处理者在处理个人信息前，通过制定个人信息处理规则的方式依法向个人告知，个人信息处理规则应当集中公开、易于访问并置于醒目位置，内容明确具体、清晰易懂，包括但不限于下列内容：（一）网络数据处理者的名称或者姓名和联系方式；（二）处理个人信息的目的、方式、种类，处理敏感个人信息的必要性以及对个人权益的影响；（三）个人信息保存期限和期后的处理方式，保存期限难以确定的，应当明确保存期限的确定方法；（四）个人查阅、复制、转移、更正、补充、删除、限制处理个人信息以及注销账号、撤回同意的方法和途径等。网络数据处理者按照前款规定向个人告知收集和向其他网络数据处理者提供个人信息的目的、方式、种类以及网络数据接收方信息的，应当以清单等形式予以列明。网络数据处理者处理不满十四周岁未成年人个人信息的，还应当制定专门的个人信息处理规则 《网络数据安全管理条例》第二十二条：网络数据处理者基于个人同意处理个人信息的，应当遵守下列规定：（一）收集个人信息为提供产品或者服务所必需，不得超范围收集个人信息，不得通过误导、欺诈、胁迫等方式取得个人同意 《网络数据安全管理条例》第三十七条：网络数据处理者在中华人民共和国境内运营中收集和产生的重要数据确需向境外提供的，应当通过国家网信部门组织的数据出境安全评估。网络数据处理者按照国家有关规定识别、申报重要数据，但未被相关地区、部门告知或者公开发布为重要数据的，不需要将其作为重要数据申报数据出境安全评估	《信息安全技术 数据安全能力成熟度模型》6.2.2.2 等级2：计划跟踪，该等级的数据安全能力要求描述如下。a）组织建设：应由业务团队相关人员负责数据采集安全管理（BP.02.02）。b）制度流程：1）应明确核心业务数据采集原则，保证该业务数据采集的合法、正当（BP.02.03）；2）核心业务应明示个人信息采集的目的、方式和范围，并经被收集者同意（BP.02.04） 《信息安全技术 数据安全能力成熟度模型》6.2.2.3 等级3：充分定义该等级的数据安全能力要求描述如下。a）组织建设：应由业务团队相关人员负责对数据源进行鉴别和记录（BP.03.05）。b）制度流程：应明确数据源管理的制度，明确数据源采集的方式，对数据源进行鉴别和记录（BP.03.06）。c）技术工具：1）组织应采取技术手段对外部收集的数据和数据源进行识别和记录（BP.03.07）；2）应对关键追溯数据进行备份，并采取技术手段对追溯数据进行安全保护（BP.03.08）。d）人员能力：负责该项工作的人员应理解数据源鉴别标准和组织内部数据业务，能够结合实际情况执行（BP.03.09） 《信息安全技术 大数据安全管理指南》4.2 原则 2 意图合规原则，对数据的收集、使用需基于法律依据。数据的收集和使用方式没有违反任何法律义务，包括法律法规、合同条款等。组织需要确保履行需要承担的内部和外部的责任：a）确保所有数据采集和数据流的安全；b）正确处理个人信息、重要信息；c）实施了合理的跨组织数据保留的策略和实践；d）理解数据相关的法律义务，并确保组织履行了这些义务

第2章 国内外数据安全发展态势

续表

项目	法律	行政法规	国家标准
企业	《个人信息保护法》第六条：处理个人信息应当具有明确、合理的目的，并应当与处理目的直接相关，采取对个人权益影响最小的方式。收集个人信息，应当限于实现处理目的的最小范围，不得过度收集个人信息 《个人信息保护法》第十条：任何组织、个人不得非法收集、使用、加工、传输他人个人信息，不得非法买卖、提供或者公开他人个人信息；不得从事危害国家安全、公共利益的个人信息处理活动 《个人信息保护法》第二十六条：在公共场所安装图像采集、个人身份识别设备，应当为维护公共安全所必需，遵守国家有关规定，并设置显著的提示标识。所收集的个人图像、身份识别信息只能用于维护公共安全的目的，不得用于其他目的；取得个人单独同意的除外 《数据安全法》第三十一条：关键信息基础设施的运营者在中华人民共和国境内运营中收集和产生的重要数据的出境安全管理，适用《网络安全法》的规定；其他数据处理者在中华人民共和国境内运营中收集和产生的重要数据的出境安全管理办法，由国家网信部门会同国务院有关部门制定 《数据安全法》第三十二条：任何组织、个人收集数据，应当采取合法、正当的方式，不得窃取或者以其他非法方式获取数据。法律、行政法规对收集、使用数据的目的、范围有规定的，应当在法律、行政法规规定的目的和范围内收集、使用数据	《网络数据安全管理条例》第八条：任何个人、组织不得利用网络数据从事非法活动，不得从事窃取或者以其他非法方式获取网络数据、非法出售或者非法向他人提供网络数据等非法网络数据处理活动 《网络数据安全管理条例》第十六条：网络数据处理者为国家机关、关键信息基础设施运营者提供服务，或者参与其他公共基础设施、公共服务系统建设、运行、维护的，应当依照法律、法规的规定和合同约定履行网络数据安全保护义务，提供安全、稳定、持续的服务。前款规定的网络数据处理者未经委托方同意，不得访问、获取、留存、使用、泄露或者向他人提供网络数据，不得对网络数据进行关联分析 《网络数据安全管理条例》第十八条：网络数据处理者使用自动化工具访问、收集网络数据，应当评估对网络服务带来的影响，不得非法侵入他人网络，不得干扰网络服务正常运行 《网络数据安全管理条例》第二十一条：网络数据处理者在处理个人信息前，通过制定个人信息处理规则的方式依法向个人告知的，个人信息处理规则应当集中公开展示，易于访问并置于醒目位置，内容明确具体、清晰易懂，包括但不限于下列内容：（一）网络数据处理者的名称或者姓名和联系方式；（二）处理个人信息的目的、方式、种类，处理敏感个人信息的必要性以及对个人权益的影响；（三）个人信息保存期限和到期后的处理方式，保存期限难以确定的，应当明确保存期限的确定方法；（四）个人查阅、复制、转移、更正、补充、删除、限制处理个人信息，注销账号、撤回同意的方法和途径等。网络数据处理者按照前款规定向个人告知收集和向其他网络数据处理者提供个人信息的目的、方式、种类以及网络数据接收方信息等的，应以清单等形式予以列明。网络数据处理者处理不满十四周岁未成年人个人信息的，还应当制定专门的个人信息处理规则 《网络数据安全管理条例》第二十二条：网络数据处理者基于个人同意处理个人信息的，应当遵守下列规定：（一）收集个人信息为提供产品或者服务所必需，不得超范围收集个人信息，不得通过误导、欺诈、胁迫等方式取得个人同意 《网络数据安全管理条例》第三十七条：网络数据处理者在中华人民共和国境内运营中收集和产生的重要数据确需向境外提供的，应当通过国家网信部门组织的数据出境安全评估。网络数据处理者按照国家有关规定识别、申报重要数据，但未被相关地区、部门告知或者公开发布为重要数据的，不需要将其作为重要数据申报数据出境安全评估	《信息安全技术 数据安全能力成熟度模型》6.2.2.2 等级2：计划跟踪，等等级的数据安全能力要求描述如下。a）组织建设：应由业务团队相关人员负责数据采集安全管理（BP.02.02）。b）制度流程：1）应明确核心业务数据采集原则，保证该业务数据采集的合法、正当（BP.02.03）；2）核心业务应明示个人信息采集的目的、方式和范围，并经被收集者同意（BP.02.04） 《信息安全技术 数据安全能力成熟度模型》充分定义等级的数据安全能力要求描述如下。a）组织建设：应由业务团队相关人员负责对数据源进行鉴别和记录（BP.03.05）。b）制度流程：应明确数据源管理的制度，对组织采集的数据源进行鉴别和记录（BP.03.06）。c）技术工具：1）组织应采取技术手段对外部收集的数据和数据源进行识别和记录（BP.03.07）；2）应对关键追溯数据进行备份，并采取技术手段对追溯数据进行安全保护（BP.03.08）。d）人员能力：负责该项工作的人员应理解数据源鉴别标准和组织内部数据采集的业务，能够结合实际情况执行（BP.03.09） 《信息安全技术 大数据安全管理指南》4.2 原则2－意图合规原则，对数据的收集和使用方式应有法律依据。组织应制定相关流程确保数据的收集和使用方式没有违反任何法律义务，包括法律法规、合同条款等。组织需要确保履行需要承担的内部和外部的责任，包括但不限于：a）确保所有数据集和数据流的安全；b）正确处理个人信息、重要信息；c）实施了合理的跨组织数据保留的策略和实践；d）理解数据相关的法律义务，并确保组织履行了这些义务

21

表2-2 收集阶段风险点和风险防范要点

项目	风险点	风险防范要点
政府	数据获取越界 保密性 完整性	平等协商，授权同意 公开透明，最小必要
企业	数据获取越界 保密性 完整性	主动告知 审核身份 留存记录

在数据收集阶段，存在许多风险威胁，如保密性威胁、完整性威胁以及超范围采集用户信息等。首先，数据收集者可能会收集与其提供服务无关的信息，或未经用户同意收集使用个人信息，这就可能面临超范围采集用户信息的风险。其次，攻击者可以通过建立隐蔽隧道，分析信息流向、流量、通信频度和长度等参数，窃取敏感和有价值的信息，从而使数据面临保密性威胁。最后，数据伪造、刻意篡改、数据与元数据移位、源数据存在破坏完整性的恶意代码等现象层出不穷。

对于企业等数据收集者来说，根据《个人信息保护法》第二章个人信息处理规则中第一节所述，在主动获取用户的数据时，需要对用户进行告知，并取得用户个人的同意。因此，商业（个人）数据应该在平等协商、授权同意的前提下采集。同时，《数据安全法》的第三十二条指出，在获取数据时，要采取合法、正当的方式，不得窃取或以其他非法方式获取数据。此外，法律法规对收集数据的目的、范围进行了规定，企业数据收集和管理部门应当明确收集的数据是否在法律、行政法规定的目的和范围内。从事数据交易中介服务的机构提供服务时，应当要求数据提供方说明数据来源、审核交易双方的身份，并留存审核、交易记录。因此，企业数据审计部门在购买非公开数据时应注意合法性、数据来源以及交易双方的身份。如果非公开数据涉及机密或敏感个人信息，则需要更加注重对数据的安全保护。

对于政府或事业单位来说，与商业（个人）数据在平等协商、授权同意的前提下采集不同，政府数据采集中的公共机构对数据采集的条件、标准、幅度和方式等享有裁量权，占据优势地位。比如，为方便考勤及教学管理，地方高校广泛采集师生指纹、人脸等生物识别数据。教育部对此高度重视，教育部相关负责人在接受采访时说，"对学生的个人信息要非常谨慎，能不采集就不采集，能少采集就少采集"。鉴于公共机构权力行使与相对方权利保护的张力，国家应对政府或事业单位数据采集拟定特殊的规制原则，以限制和约束裁量权在合理范围内行使。换言之，除了遵循商业（个人）数据采集公开透明、最小必要、主体参与、安全保密等基础原则外，政府或事业单位数据采集还应有其特殊的规制原则，具体包括主体法定原则、非告知同意原则和公共利益目的原则。

企业等数据收集者和政府或事业单位等数据收集者，在法律法规要求上存在共性，具体来说，根据《个人信息保护法》第二章个人信息处理规则中第一节和《数据安全法》的第三十二条，数据收集者在数据收集阶段需要告知用户，征求同意，并且确保获取方式合理合法。主要不同点在于企业等数据收集者在向从事数据交易中介服务的机构提供服务时，应当要求数据提供方说明数据来源，审核交易双方的身份，并留存审核、交易记录。

数据收集者还应当加强数据安全保护，以保证数据的完整性和保密性。数据安全保护需要从多个方面进行考虑，包括技术安全保护、管理安全保护和法律安全保护等。

在技术安全保护方面，数据收集者应当采用先进的技术手段保护数据的安全，包括加密、防火墙、反病毒软件等。此外，对于敏感数据，可以采用分布式存储、多层备份等技术手段保证数据的安全性和可靠性。

在管理安全保护方面，数据收集者应当制定完善的数据安全管理制度和流程，并加强内部员工的安全意识培训。同时，建立完善的访问控制机制，对不同级别的用户进行权限管理，严格控制数据的访问权限，避免数据泄露和滥用。

在法律安全保护方面，数据收集者应当严格遵守相关的法律法规和行业标准。此外，对于数据泄露和滥用等行为，应当及时进行调查和处理，保障用户的合法权益。

总之，数据收集是一个非常敏感的过程，需要数据收集者严格遵守相关的法律法规和行业标准，加强数据安全保护，保证数据的完整性和保密性，从而有效减少数据收集过程中的风险和威胁。

收集阶段监管要点和监管方法如表2-3所示。

表2-3 收集阶段监管要点和监管方法

项目	监管要点	监管方法
政府	合规性	判断是否存在违规收集行为 判断是否与直接目的相关，做到影响最小
企业	合规性	明确企业收集目的，限定用途 违规收集行为责令改正，甚至处罚

在数据的收集阶段，监管要点包括：网络产品、服务需在用户同意后方能收

集用户信息；数据收集者应当建立健全用户信息保护制度；任何个人和组织需在遵守法律法规的情况下获取或提供个人信息；有关部门及其员工获取的关键信息不得用于其他用途，更不得泄露、出售或非法向他人提供。

2.2.2 存储阶段

存储阶段相关法律法规见表2-4。

表2-4 存储阶段相关法律法规

项目	法律法规	部门规章	国家标准
政府	《个人信息保护法》第十条：任何组织、个人不得非法收集、使用、加工、传输他人个人信息，不得非法买卖、提供或公开他人个人信息；不得从事危害国家安全、公共利益的个人信息处理活动《数据安全法》第三十二条：任何组织、个人收集数据，应当采取合法、正当的方式，不得窃取或以其他非法方式获取数据。法律、行政法规对收集、使用数据的目的、范围有规定的，应当在法律、行政法规规定的目的和范围内收集、使用数据《数据安全法》第三十八条：国家机关为履行法定职责的需要收集、使用数据，应当在其履行法定职责的范围内依照法律、行政法规规定的条件和程序进行；对在履行职责中知悉的个人隐私、个人信息、商业秘密、保密商务信息等数据应当依法予以保密，不得泄露或者非法向他人提供《数据安全法》第四十条：国家机关委托他人建设、维护电子政务系统，存储、加工政务数据，应当经过严格的批准程序，并应当监督受托方履行相应的数据安全保护义务。受托方应当依照法律、法规的规定和合同约定履行数据安全保护义务，不得擅自留存、使用、泄露或者向他人提供政务数据	《网络数据安全管理条例》第十五条：国家机关委托他人建设、运行、维护电子政务系统，存储、加工网络数据，应当按照国家有关规定经过严格的批准程序，明确受托方的网络数据处理权限、保护责任等，监督受托方履行网络数据安全保护义务《网络数据安全管理条例》第十六条：网络数据处理者为国家机关、关键信息基础设施运营者提供服务，或者参与其他公共基础设施、公共服务系统建设、运行、维护的，应当依照法律法规的规定和合同约定履行网络数据安全保护义务，提供安全、稳定、持续的服务。前款规定的网络数据处理者未经委托方同意，不得访问、获取、留存、使用、泄露或者向他人提供网络数据，不得对网络数据进行关联分析《网络数据安全管理条例》第二十一条：网络数据处理者在处理个人信息前，通过制定个人信息处理规则的方式依法向个人告知、个人信息处理规则应当集中公开展示、易于访问并置于醒目位置，内容明确具体、清晰易懂，包括但不限于下列内容：……（三）个人信息保存期限到期后的处理方式，保存期限难以明确的，应当明确保存期限的确定方法。《网络数据安全管理条例》第二十四条：因使用自动化采集技术等无法避免采集到非必要个人信息或者未依法取得个人同意的个人信息，以及个人注销账号的，网络数据处理者应当删除个人信息或者进行匿名化处理。法律、行政法规规定的保存期限未届满，或者删除、匿名化处理个人信息从技术上难以实现的，网络数据处理者应当停止除存储和采取必要的安全保护措施之外的处理	《信息安全技术 数据安全能力成熟度模型》9.3.2.3 等级3：充分定义，该等级的数据安全能力要求描述如下。a）组织建设：组织应立相关岗位或人员，负责数据正当使用管理、评估和风险控制（BP.12.04）。b）制度流程：1）应明确数据使用的评估制度，所有个人信息和重要数据的使用应先进行安全影响评估，满足国家合规要求后，允许使用。数据的使用应避免精确定位到特定个人，避免评价信用、资产和健康等敏感数据，不得超出与收集数据时所声明的目的和范围（BP.12.05）。2）应明确数据使用正当性的制度，保证数据使用在声明的目的和范围内（BP.12.06）。c）技术工具：1）应依据合规要求建立相应强度或粒度的访问控制机制，限定用户可访问数据范围（BP.12.07）；2）应完整记录数据使用过程的操作日志，以备对潜在违约使用者进行识别和追责（BP.12.08）。d）人员能力：负责该项工作的人员应能够按最小够用等原则管理权限，并具备对数据正当使用的相关风险的分析和跟进能力（BP.12.09）《信息安全技术 大数据安全管理指南》7.4.2.3 数据使用，实施部门应：a）依据国家个人信息和重要数据保护的法律法规要求建立数据使用正当性原则，明确数据使用和分析处理的目的和范围。b）建立数据使用的内部责任制度，保证在数据使用声明的目的和范围内对受保护的数据进行使用和分析处理。c）遵守最小授权原则，提供细粒度访问控制机制，限定数据使用过程中可访问的数据范围和使用目的。d）遵守可审计原则，记录和管理数据使用操作。e）对数据分析结果的风险进行合规性评估，避免分析结果输出中包含可恢复的敏感数据

续表

项目	法律	部门规章	国家标准
企业	《个人信息保护法》第十条：任何组织、个人不得非法收集、使用、加工、传输他人个人信息，不得非法买卖、提供或者公开他人个人信息；不得从事危害国家安全、公共利益的个人信息处理活动 《数据安全法》第三十二条：任何组织、个人收集数据，应当采取合法、正当的方式，不得窃取或者以其他非法方式获取数据。法律、行政法规对收集、使用数据的目的、范围有规定的，应在法律、行政法规规定的目的和范围内收集、使用数据 《数据安全法》第四十条：国家机关委托他人建设、维护电子政务系统，存储、加工政务数据，应当经过严格的批准程序，并应当监督受托方履行相应的数据安全保护义务。受托方应当依照法律、法规的规定和合同约定履行数据安全保护义务，不得擅自留存、使用、泄露或者向他人提供政务数据	《网络数据安全管理条例》第十五条：国家机关委托他人建设、运行、维护电子政务系统，存储、加工政务数据，应当按照国家有关规定经过严格的批准程序，明确受托方的网络数据处理权限、保护责任等，监督受托方履行网络数据安全保护义务 《网络数据安全管理条例》第十六条：网络数据处理者为国家机关、关键信息基础设施运营者提供服务，或者参与其他公共基础设施、公共服务系统建设、运行、维护的，应当依照法律法规的规定和合同约定履行网络数据安全保护义务，提供安全、稳定、持续的服务。前款规定的网络数据处理者未经授权同意，不得访问、获取、留存、使用、泄露或者向他人提供网络数据，不得对网络数据进行关联分析 《网络数据安全管理条例》第二十一条：网络数据处理者在处理个人信息前，通过制定个人信息处理规则的方式依法向个人告知的，个人信息处理规则应当集中公开展示，易于访问并置于醒目位置，内容明确具体、清晰易懂，包括但不限于下列内容：……（三）个人信息保存期限和到期后的处理方式，保存期限难以确定的，应当明确保存期限的确定方法…… 《网络数据安全管理条例》第二十四条：因使用自动化采集技术等无法避免采集到非必要个人信息或者未依法取得个人同意的个人信息，以及个人注销账号的，网络数据处理者应当删除个人信息或者进行匿名化处理。法律、行政法规规定的保存期限未届满，或者删除、匿名化处理个人信息从技术上难以实现的，网络数据处理者应当停止除存储和采取必要的安全保护措施之外的处理 《网络数据安全管理条例》第四十六条：大型网络平台服务提供者不得利用网络数据、算法以及平台规则等从事下列活动：（一）通过误导、欺诈、胁迫等方式处理用户在平台上产生的网络数据；（二）无正当理由限制用户访问、使用其在平台上产生的网络数据；（三）对用户实施不合理的差别待遇，损害用户合法权益；（四）法律、行政法规禁止的其他活动	《信息安全技术 数据安全能力成熟度模型》9.3.2.3 等级3：充分定义，该等级的数据安全能力要求描述如下。a）组织建设：组织应设立相关岗位或人员，负责对数据正当使用管理、评估和风险控制（BP.12.04）。b）制度流程：1）应明确数据使用的评估制度，所有个人信息和重要数据使用前应先进行安全影响评估，满足国家合规要求后，允许使用。数据的使用应避免精确定位到特定个人，避免评价信用、资产和健康等敏感数据，不得超出与收集数据时所声明的目的和范围（BP.12.05）。2）应明确数据使用正当性的制度，保证数据使用在声明的目的和范围内（BP.12.06）。c）技术工具：1）应依据合规要求建立相应强度或粒度的访问控制机制，限定用户可访问数据范围（BP.12.07）；2）应完整记录数据使用过程的操作日志，以备对潜在违规使用者责任的识别和追责（BP.12.08）。d）人员能力：负责该项工作的人员应能够按最小够用等原则管理权限，限定数据使用中可使用的相关风险的分析和跟进能力（BP.12.09） 《信息安全技术 大数据安全管理指南》7.4.2.3 数据使用，实施部门应：a）依据国家个人信息和重要数据保护的法律法规要求建立数据使用制度，明确数据使用和分析处理的目的和范围。b）建立数据使用的内部责任制度，保证在数据使用声明的目的和范围内对受保护的数据进行使用和分析处理。c）遵守最小授权原则，提供细粒度访问控制机制，限定数据使用中可访问的数据范围和使用目的。d）遵守可审计原则，记录和管理数据使用操作。e）对数据分析结果的风险进行合规性评估，避免分析结果输出中包含可恢复的敏感数据

1.风险点及风险防范要点

存储阶段风险点及风险防范要点见表2-5。

表2-5　存储阶段风险点及风险防范要点

项目	风险点	风险防范要点
政府	存储技术是否自主可控 数据保密性	分等级安全防护 建立数据安全治理体系
企业	数据完整性 数据保密性	风险监测 校验、密码技术 安全存储环境

由表2-5可知,在数据存储阶段,存在多种风险威胁,包括但不限于数据保密性威胁、数据完整性威胁等。这些风险可能导致数据泄露或丢失,例如,存储设备故障、存储设备漏洞、内部人员误操作等,从而对数据的完整性和保密性造成威胁。为了减少这些风险,在数据存储时需要采取一系列通用的做法和措施。

首先,必须遵守法律规定或者与用户约定的方式和期限进行数据存储。其次,为了保证数据的安全存储,应采用校验技术、密码技术等措施,避免直接提供存储系统的公共信息网络访问,并且应实施数据容灾备份和存储介质安全管理,以及定期开展数据恢复测试。对于重要数据和核心数据,还应实施异地容灾备份。

对于互联网企业来说,数据存储之于数据安全影响最大的部分是数据加密。亚马逊曾经总结:"亚马逊科技所有的新服务,在原型设计阶段就会考虑对数据加密的支持。"目前,实现数据加密的解决方案主要有加密服务/密钥管理服务、结构化数据静态加密、文件分块加密、文件系统加密等。互联网企业数据管理部门应预先确定数据存储加密的技术路线,争取把问题扼杀在萌芽阶段。数据存储部门应针对特定的数据类型进行特定技术的选择,对于个人隐私数据更需要谨慎处理。

数据存储在云端的情况下,数据安全风险面临更多的挑战。云存储的数据存储在提供商的数据中心,这意味着存储的数据容易受到外部攻击的影响,如分布式阻断服务攻击和恶意软件攻击。同时,由于数据存储在云中,用户往往无法直接访问和控制存储设备,这也使数据在传输和存储过程中面临更大的安全风险。因此,云存储提供商需要采取更严格的安全措施保护用户数据的机密性、完整性和可用性。这些措施包括但不限于加密技术、访问控制、数据备份和恢复、物理安全等。

对于个人用户来说，数据存储的风险主要在于数据泄露和数据丢失。在使用云存储服务时，用户应当选择可信的、有良好口碑的服务提供商，并遵循最佳实践，如定期备份数据、使用强密码、定期更改密码等。另外，用户应当关注隐私政策和服务协议，确保个人信息得到充分保护。

总体来说，数据存储安全是一个综合性的问题，需要从多个方面进行风险防范和管理。政府、事业单位、互联网企业和个人用户都应当意识到数据存储安全的重要性，并采取相应的措施保障数据的安全。这需要各方的共同努力与合作，通过技术创新、制度建设和培训教育等方面的手段，不断提升数据存储安全水平，确保数据安全、稳定和可信。

2.监管要点和监管方法

存储阶段监管要点和监管方法见表2-6。

表2-6　存储阶段监管要点和监管方法

项目	监管要点	监管方法
政府	合规性	按照相关法律法规监管，检查是否备案 数据分等级监管 开展相关人员安全培训
企业	合规性	落实相关人员责任 对相关行为追溯，建立黑白名单

对于数据监管者来说，一般较难深入地参与到数据的存储阶段，而是多以检查存储数据的行为是否合法合规，存储人员相关责任是否清晰，存储本身应对攻击的机制是否健全等为切入点。数据存储阶段的监管，需要数据监管者与数据存储者进行深度融合和合作，才能明晰负责人的责任，进行透明合理的日常管理，并合理应对外部攻击和内部事故。

对于政府或事业单位而言，在数据存储方面的责任受相关法律法规监管，应当按要求对其所存储的数据分类分级进行保护。另外，对于存储行为本身，监管的重点包括：是否存在数据泄露、毁损、丢失的情况；是否对数据进行分类分级存储；是否对重要数据进行加密、访问控制等从严保护以及向市级网信部门备案；是否对核心数据进行容灾备份；等等。

2.2.3 使用阶段

使用阶段相关法律法规见表2-7。

表2-7 使用阶段相关法律法规

项目	法律法规	行政法规	国家标准
政府	《个人信息保护法》第十条：任何组织、个人不得非法收集、使用、加工、传输他人个人信息，不得非法买卖、提供或者公开他人个人信息；不得从事危害国家安全、公共利益的个人信息处理活动 《数据安全法》第三十二条：任何组织、个人收集数据，应当采取合法、正当的方式，不得窃取或者以其他非法方式获取数据。法律、行政法规对收集、使用数据的目的、范围有规定的，应当在法律、行政法规规定的目的和范围内收集、使用数据 《数据安全法》第三十八条：国家机关为履行法定职责的需要收集、使用数据，应当在其履行法定职责的范围内依照法律、行政法规规定的条件和程序进行；对在履行职责中知悉的个人隐私、个人信息、商业秘密、保密商务信息等数据应当依法予以保密，不得泄露或非法向他人提供 《数据安全法》第四十条：国家机关委托他人建设、维护电子政务系统，存储、加工政务数据，应当经过严格的批准程序，并应当监督受托方履行相应的数据安全保护义务。受托方应当依照法律、法规的规定和合同约定履行数据安全保护义务，不得擅自留存、使用、泄露或者向他人提供政务数据	《网络数据安全管理条例》第十二条：网络数据处理者向其他网络数据处理者提供、委托处理个人信息和重要数据的，应当通过合同等与网络数据接收方约定处理目的、方式、范围以及安全保护义务等，并对网络数据接收方履行义务的情况进行监督。向其他网络数据处理者提供、委托处理个人信息和重要数据的处理情况记录，应至少保存3年。网络数据接收方应当履行网络数据安全保护义务，并按照约定的目的、方式、范围等处理个人信息和重要数据。两个以上的网络数据处理者共同决定个人信息和重要数据的处理目的和处理方式的，应当约定各自的权利和义务 《网络数据安全管理条例》第十三条：网络数据处理者开展网络数据处理活动，影响或者可能影响国家安全的，应当按照国家有关规定进行国家安全审查 《网络数据安全管理条例》第二十二条：网络数据处理者基于个人同意处理个人信息的，应当遵守下列规定：（一）收集个人信息为提供产品或者服务所必需，不得超范围收集个人信息，不得通过误导、欺诈、胁迫等方式取得个人同意；（二）处理生物识别、宗教信仰、特定身份、医疗健康、金融账户、行踪轨迹等敏感个人信息的，应当取得个人的单独同意；（三）处理不满十四周岁未成年人个人信息的，应当取得未成年人的父母或者其他监护人的同意；（四）基于个人同意的个人信息处理目的、方式、种类、保存期限变更个人信息、应当重新取得个人同意。法律、行政法规规定处理敏感个人信息应当取得书面同意的，从其规定 《网络数据安全管理条例》第二十七条：网络数据处理者应当定期自行或者委托专业机构对其处理个人信息遵守法律、行政法规的情况进行合规审计 《网络数据安全管理条例》第二十八条：网络数据处理者1000万以上个人信息的，还应当遵守本条例第三十条、第三十二条对处理重要数据的网络数据处理者（以下简称"重要数据处理者"）做出的规定 《网络数据安全管理条例》第三十三条：重要数据的处理者应当每年度对其网络数据处理活动开展风险评估，并向省级以上有关主管部门报送风险评估报告，有关主管部门应当及时通报同级网信部门、公安机关。风险评估报告应当包括下列内容：（一）网络数据处理者基本信息、网络数据安全管理机构信息、网络数据安全负责人姓名和联系方式等；（二）处理重要数据的目的、种类、数量、方式、范围、存储期限、存储地点等，开展网络数据处理活动本身、加密、备份、标签标识、访问控制、安全认证等技术措施和其他必要措施及其有效性；（四）发现的网络数据安全风险，发生的网络数据安全事件及处置情况；（五）提供、委托处理、共同处理重要数据的风险评估情况；（六）重要数据出境情况；（七）有关主管部门规定的其他报告内容。处理重要数据的大型网络平台服务提供者报送的风险评估报告，除包括前款规定的内容外，还应当充分说明关键业务和供应链网络数据安全等情况。重要数据的处理者存在可能危害国家安全的重要数据处理活动的，省级以上有关主管部门应当责令其采取整改或者停止处理重要数据等措施。重要数据的处理者应当按照有关要求立即采取措施	《信息安全技术 数据安全能力成熟度模型》型 9.3.2.3 等级3：充分定义，该等级的数据安全能力要求描述如下。a）组织建设：组织应设立相关岗位或人员，负责对数据正当使用管理、评估和风险控制（BP.12.04）。b）制度流程：1）应明确数据使用的评估制度，所有个人信息和重要数据的使用应先进行安全影响评估，满足国家合规要求后，允许使用。数据的使用应避免精确定位到特定个人，避免评价信用、资产和健康等敏感数据，不得超出与收集数据时所声明的目的和范围（BP.12.05）。2）应明确数据使用过程中的制度，保证数据使用在声明的目的和范围内（BP.12.06）。c）技术工具：1）应依据合规要求建立相应强度或粒度的访问控制机制，限定可访问数据的范围（BP.12.07）；2）应完整记录数据使用过程的操作日志，以备对潜在违规使用者责任的识别和追责（BP.12.08）。d）人员能力：负责该项工作的人员应能够按最小够用等原则管理权限，并具备对数据正当使用的相关风险的分析和跟进能力（BP.12.09）《信息安全技术 大数据安全管理指南》7.4.2.3 数据使用，实施部门应：a）依据国家个人信息和重要数据保护的法律法规要求建立数据使用的正当原则，明确数据使用和分析处理的目的和范围。b）建立数据使用的内部责任制度，保证在数据使用声明的目的和范围内对受保护的数据进行使用和分析处理。c）遵守最小授权原则，提供细粒度访问控制机制，限定数据使用过程中可访问的数据范围和使用的目的。d）遵守可审计原则，记录和管理数据使用操作。e）对数据分析结果的风险进行合规性评估，避免分析结果输出中包含可恢复的敏感数据

续表

项目	法律法规	行政法规	国家标准
企业	《个人信息保护法》第十条：任何组织、个人不得非法收集、使用、加工、传输他人个人信息，不得非法买卖、提供或者公开他人个人信息；不得从事危害国家安全、公共利益的个人信息处理活动 《数据安全法》第三十二条：任何组织、个人收集数据，应当采取合法、正当的方式，不得窃取或者以其他非法方式获取数据。法律、行政法规对收集、使用数据的目的、范围有规定的，应当在法律、行政法规规定的目的和范围内收集、使用数据 《数据安全法》第四十条：国家机关委托他人建设、维护电子政务系统，存储、加工政务数据，应当经过严格的批准程序，并应当监督受托方履行相应的数据安全保护义务。受托方应当依照法律、法规的规定和合同约定履行相应的数据安全保护义务，不得擅自留存、使用、泄露或者向他人提供政务数据	《网络数据安全管理条例》第十二条：网络数据处理者向其他网络数据处理者提供、委托处理个人信息和重要数据的，应当通过合同等与网络数据接收方约定处理目的、方式、范围以及安全保护义务等，并对网络数据接收方履行义务的情况进行监督。向其他网络数据处理者提供、委托处理个人信息和重要数据的处理情况记录，应当至少保存3年。网络数据接收方应当履行网络数据安全保护义务，并按照约定的目的、方式、范围等处理个人信息和重要数据。两个以上的网络数据处理者共同决定个人信息和重要数据的处理目的和处理方式的，应当约定各自的权利和义务 《网络数据安全管理条例》第十三条：网络数据处理者开展网络数据处理活动，影响或者可能影响国家安全的，应当按照国家有关规定进行国家安全审查 《网络数据安全管理条例》第二十二条：网络数据处理者基于个人同意处理个人信息的，应当遵守下列规定：（一）收集个人信息的，不得超范围收集个人信息，不得通过误导、欺诈、胁迫等方式取得个人同意；（二）处理生物识别、宗教信仰、特定身份、医疗健康、金融账户、行踪轨迹等敏感个人信息的，应当取得个人的单独同意；（三）处理不满十四周岁未成年人个人信息的，应当取得未成年人的父母或者其他监护人的同意；（四）不得超出个人同意的个人信息处理的目的、方式、种类、保存期限等；（五）不得在个人明确表示不同意处理其个人信息后，频繁征求同意；（六）个人信息的处理目的、方式、种类发生变更的，应当重新取得个人同意。法律、行政法规规定处理敏感个人信息应当取得书面同意的，从其规定 《网络数据安全管理条例》第二十七条：网络数据处理者应当定期自行或者委托专业机构对其处理个人信息遵守法律、行政法规的情况进行合规审计 《网络数据安全管理条例》第二十八条：网络数据处理者处理1000万人以上个人信息的，还应当遵守本条例第三十条、第三十二条对处理重要数据的网络数据处理者（以下简称"重要数据的处理者"）做出的规定 《网络数据安全管理条例》第三十三条：重要数据的处理者应当每年度对网络数据处理活动开展风险评估，并向省级以上有关主管部门报送风险评估报告，同时通报同级网信部门、公安机关。风险评估报告应当包括下列内容：（一）网络数据处理者基本信息、网络数据安全管理机构信息、网络数据安全负责人姓名和联系方式等；（二）处理重要数据的目的、种类、数量、方式、范围、存储期限、存储地点等，开展网络数据处理活动的情况，不包括网络数据内容本身；（三）网络数据安全管理制度及实施情况，加密、备份、标签标识、访问控制、安全认证等技术措施和其他必要措施及其有效性；（四）发现的网络数据安全风险，发生的网络数据安全事件及处置情况；（五）提供、委托处理、共同处理重要数据的风险评估情况；（六）网络数据出境情况；（七）有关主管部门规定的其他报告内容。重要数据的大型网络平台服务提供者报送的风险评估报告，除包括前款规定的内容外，还应当充分说明关键业务和供应链网络数据安全等情况。重要数据的处理者存在可能危害国家安全的重要数据处理活动的，省级以上有关主管部门应当责令其采取整改或者停止处理重要数据等措施。重要数据的处理者应当按照有关要求立即采取措施 《网络数据安全管理条例》第四十二条：网络平台服务提供者通过自动化决策方式向个人进行信息推送的，应当设置易于理解、便于访问和操作的个性化推送关闭选项，为用户提供拒绝接收推送信息、删除针对其个人特征的用户标签等功能 《网络数据安全管理条例》第四十六条：大型网络平台服务提供者不得利用网络数据、算法以及平台规则等从事下列活动：（一）通过误导、欺诈、胁迫等方式处理用户在平台上产生的网络数据；（二）无正当理由限制用户访问、使用其平台上产生的网络数据；（三）对用户实施不合理的差别待遇，损害用户合法权益；（四）法律、行政法规禁止的其他活动	《信息安全技术 数据安全能力成熟度模型》9.3.2.3 等级3：充分定义，该等级的数据安全能力要求描述如下。a) 组织建设：组织应设立相关岗位或人员，负责对数据正当使用管理、评估和风险控制（BP.12.04）。b) 制度流程：1) 应明确数据使用的评估制度，数据的使用应先进行安全影响评估，满足国家合规要求后，允许使用。数据的使用应避免精确定位到特定个人，避免评价信用、资产和健康等敏感数据，不得超出与收集数据时所声明的目的和范围（BP.12.05）。2) 应明确数据使用正当性的制度，保证数据使用在声明的目的和范围内（BP.12.06）。c) 技术工具：1) 应依据合规要求建立相应强度或粒度的访问控制机制，限定用户可访问数据范围（BP.12.07）；2) 应完整记录数据使用过程的操作日志，以备对潜在违约使用者责任的识别和追责（BP.12.08）。d) 人员能力：负责该项工作的人员应能够按最小够用原则管理权限，并具备对数据正当使用的相关风险的分析和跟进能力（BP.12.09） 《信息安全技术 大数据安全管理指南》7.4.2.3 使用，实施部门应：a) 依据国家个人信息和重要数据保护的法律法规要求建立数据使用正当性原则，明确数据使用和分析处理的目的和范围。b) 建立数据使用的内部责任制度，保证在数据使用声明的目的和范围内对受保护的数据进行使用和分析处理。c) 遵守最小授权原则，提供细粒度访问控制机制，限定使用过程中可访问的数据范围和使用目的。d) 遵守可审计原则，记录和管理数据使用操作。e) 对数据分析结果的风险进行合规性评估，避免分析结果输出中包含可恢复的敏感数据

1.风险点及风险防范要点

使用阶段风险点及风险防范要点见表2-8。

表2-8 使用阶段风险点及风险防范要点

项目	风险点	风险防范要点
政府	集中于敏感数据的保密性与完整性	把握数据使用的原则和程度 确定操作权限等级
企业	数据异常处理能力 数据保密技术	明确涉敏情况 安全使用环境 处理人员安全培训

在数据使用阶段，企业可能会面临各种不同的风险和威胁。保密性和完整性是两个方面的主要威胁，而且很多其他威胁都可能源于这两个方面。数据泄露、错误处理敏感数据、信任滥用、违规操作、恶意授权、恶意盗取、分析结果滥用等都可能是数据被盗取或隐私泄露的原因。这些威胁可能导致数据的机密性、完整性和可用性遭到破坏，从而影响企业的信誉和形象。

因此，在数据使用阶段，企业必须采取适当的措施确保数据的安全。首先，企业应该建立数据使用制度规范和流程，明确数据的使用范围、用途和访问权限，防止非授权人员访问和使用数据。在使用重要数据和核心数据时，应当加强访问控制，通过限制特定人员、角色或部门的访问权限保护数据的机密性和完整性，避免数据被越权访问和操作。其次，还应该建立完善的监控和审计机制，及时发现和处理异常行为，避免数据被恶意盗取或滥用。再次，对于敏感数据，企业应该采取更加严格的安全措施。例如，采用加密技术对数据进行加密，建立访问审批机制和审批流程，严格控制数据的传输和存储。同时，定期对数据进行备份和灾备，保障数据的可用性和恢复性。最后，企业还应该定期进行安全演练和培训，提高员工的安全意识和技能，防范各种安全威胁和风险。

综上所述，数据在使用阶段面临的风险和威胁不容忽视，企业应该采取一系列措施确保数据的安全和完整性。建立规范和流程、加强访问控制、建立监控和审计机制、采用加密技术等都是保护数据安全的重要手段。通过这些措施的实施，企业可以最大限度地保障数据的安全，提高企业的安全性和信誉度。

互联网企业是以数据为核心的企业，其数据管理部门需要根据互联网客户不同的发展阶段，在生产网、网管网、办公网、外联环境等全域进行对应设计，以确保数据的安全性和可靠性。在数据管理过程中，主要分为三个阶段，即事前防御、事中防御和事后审计。

在事前防御阶段，数据管理部门应该利用应用数据安全管控系统协助企业或机构客户进行各类应用系统涉敏情况梳理、接口梳理、敏感接口识别，以做好事前准备。此外，数据管理部门还需要制定相关的数据使用制度规范和流程，并加强访问控制，以防止数据被越权访问和违规操作，以及保密性和完整性受到威胁。

在事中防御阶段，数据使用部门应进行实时的数据使用行为审计、数据流向识别、异常事件分析，以便及时发现和处理数据使用过程中的异常行为，从而做好事中防御工作。此外，数据管理部门应实现数据在应用系统使用过程中的完整安全管控，防止数据被恶意盗取或滥用。

在事后审计阶段，数据审计部门应利用多线索深入交互式的安全事件溯源技术，对数据使用过程中的安全事件进行溯源，实现数据在应用系统使用过程中的完整安全管控，从而保障数据安全。此外，数据管理部门应通过数据资产管理系统协助企业或机构客户进行数据资产分布梳理、发现个人敏感数据或企业（机构）内部的其他敏感数据、自动或半自动的数据资产分类分级，数据供应链可视化展示，实现数据血缘关系的梳理，定位数据责任人，以便及时发现和处理数据安全问题。

因此，数据管理部门应建立完善的数据安全管理体系，以保证数据安全和可靠性，同时，在数据使用过程中应加强控制和监管，避免数据被滥用和泄露，从而确保互联网企业的稳健发展。

2.监管要点和监管方法

使用阶段监管要点和监管方法见表2-9。

表2-9 使用阶段监管要点和监管方法

项目	监管要点	监管方法
政府	健全的管理制度 使用行为的合理性	是否建立健全平台安全管理制度 是否拥有安全防护措施 是否建立应急技术保障机制
企业	数据保护能力 隐私泄露问题	是否有认证、授权、加密等安全防护措施 是否保证使用透明度 是否采取监控、审计策略来保证安全

随着个人信息在数字化时代的广泛应用，保护个人信息的安全和隐私已经

成为各行业的重要议题。在数据使用阶段，保护个人信息的安全和隐私已经成为监管的要点之一。根据《个人信息保护法》等相关规定，数据使用行为是否合规是监管的重点之一。具体来说，监管机构需要检查数据，使用过程中是否进行了安全评估和采取了相应的安全措施，防止涉密、涉敏数据被泄露或被不当使用。此外，监管机构也需关注数据使用过程中是否存在信息泄露、数据传输安全等风险，是否有合规的访问控制和身份认证措施，以及是否遵循数据最小化原则等。监管机构还需建立监管制度和监管流程，对违反规定的企业或机构进行处罚，确保数据使用行为合规，保护个人信息的安全和隐私。

具体来说，互联网企业内的监管部门需要对数据使用进行监管，加强数据下载的认证、授权等访问控制的防护管理，防止数据被恶意分子获取；数据使用者要对数据安全分析中所可能引发的数据聚合的安全风险进行有效评估，严防将数据用于不合法的关联分析、数据汇聚等行为或其他用途；在针对个人信息的数据分析中，需要采用多种技术手段降低数据分析过程中的隐私泄露风险，如差分隐私保护、K匿名等，从而最大限度地保护隐私数据；此外，需要建立起数据使用的监控机制如日志管理工具等，记录用户在数据处理系统上的加工操作，将数据的使用控制在所需的最小范畴。

数据使用行为的合规性也需要进行日常监测。监管机构需要重点关注数据使用者是否根据所宣称的信息用途使用数据，是否存在超过授权范围的数据访问和使用，以及是否对数据进行了关联分析等操作而获取了敏感数据及隐私数据等行为。除此之外，监管机构还需要审查监管对象是否建立了数据恢复和数据备份等应急技术保障机制。

为了确保平台安全可靠运行，政府及事业单位应采取一系列的措施，如建立完善的数据安全管理体系、制定数据使用的标准流程和规范操作指南、对数据进行分级管理等。同时，还应加强对内部员工和外部访问者的安全意识教育和培训，建立安全审计和风险评估机制，保证数据安全可靠运行，并及时发现和处理安全事件。在此过程中，政府及事业单位应与监管机构保持密切的合作和沟通，共同建立一个更加安全可靠的数据管理体系。

2.2.4 加工阶段

加工阶段相关法律法规见表2-10。

表2-10 加工阶段相关法律法规

项目	法律法规	行政法规	国家标准
政府	《个人信息保护法》第十条：任何组织、个人不得非法收集、使用、加工、传输他人个人信息，不得非法买卖、提供或者公开他人个人信息；不得从事危害国家安全、公共利益的个人信息处理活动 《数据安全法》第四十条：国家机关委托他人建设、维护电子政务系统，存储、加工政务数据，应当经过严格的批准程序，并应当监督受托方履行相应的数据安全保护义务。受托方应当依照法律、法规的规定和合同约定履行数据安全保护义务，不得擅自留存、使用、泄露或者向他人提供政务数据	《网络数据安全管理条例》第十五条：国家机关委托他人建设、运行、维护电子政务系统，存储、加工政务数据，应当按照国家有关规定经过严格的批准程序，明确受托方的网络数据处理权限、保护责任等，监督受托方履行网络数据安全保护义务	《信息安全技术 大数据安全管理指南》规定组织应确保大数据处理活动的安全，涵盖了分布式处理安全、数据分析安全、数据加密处理、数据脱敏处理、数据溯源等方面。另外，《信息安全技术 数据安全能力成熟度模型》规定了数据处理系统与数据权限管理系统的联动、多租户隔离控制、数据处理日志管理、用户操作审计等措施，以确保数据处理过程中的安全
企业	《个人信息保护法》第十条：任何组织、个人不得非法收集、使用、加工、传输他人个人信息，不得非法买卖、提供或者公开他人个人信息；不得从事危害国家安全、公共利益的个人信息处理活动	《网络数据安全管理条例》第十五条：国家机关委托他人建设、运行、维护电子政务系统，存储、加工政务数据，应当按照国家有关规定经过严格的批准程序，明确受托方的网络数据处理权限、保护责任等，监督受托方履行网络数据安全保护义务 《网络数据安全管理条例》第四十六条：大型网络平台服务提供者不得利用网络数据、算法以及平台规则等从事下列活动：（一）通过误导、欺诈、胁迫等方式处理用户在平台上产生的网络数据；（二）无正当理由限制用户访问、使用其在平台上产生的网络数据；（三）对用户实施不合理的差别对待，损害用户合法权益；（四）法律、行政法规禁止的其他活动	《信息安全技术 大数据安全管理指南》提供了企业处理大数据时需要考虑的安全方面，包括分布式处理安全、数据分析安全、数据加密处理、数据脱敏处理、数据溯源等。此外，《信息安全技术 数据安全能力成熟度模型》提供了企业在实现数据处理系统与数据权限管理系统联动、多租户隔离控制、数据处理日志管理、用户操作审计等方面应该采取的措施，以确保企业大数据处理过程的安全

1.风险点及风险防范要点

加工阶段风险点及风险防范要点见表2-11。

表2-11 加工阶段风险点及风险防范要点

项目	风险点	风险防范要点
政府	数据完整性 数据保密性	数据脱敏处理 数据去标识化
企业	数据完整性 数据保密性	优化数据加工方法 模糊化数据标签

数据加工阶段主要面临数据外泄导致的数据完整性和保密性威胁。首先，在加工阶段若将数据委托给他人加工，受托方可能存在擅自留存、使用、泄露数据等问题，导致数据外泄。其次，在加工阶段若对敏感数据的处理方法不妥，也可能导致这些数据的外泄，从而威胁数据完整性和保密性。

对于政府及事业单位而言，通常不需要对数据进行过多分析，只需掌握数据即可。以运营商为例，若数据外泄，将会导致用户手机号等信息的泄露，致使用户遭受电话骚扰及短信骚扰。为抵抗数据破解，最常用的数据加工方法为数据脱敏。以运营商为例，其掌握大量用户的手机号及相应的个人信息，按法规而言，其数据使用部门在使用数据时应对数据按照脱敏原则进行数据变形，如去标识化后的手机号。而运营商的数据管理部门在使用和展示数据时，需严格按照脱敏的原则将用户信息去标识化。

对于互联网企业而言，企业通常会收集用户的行为日志，用于刻画用户画像。互联网企业的数据使用部门在使用用户数据时，往往不局限于数据本身，而是对数据进行多个维度的分析，从大量冗余的数据中提取出所需要的特征。因此，互联网企业常将原始数据加工为标签数据、统计数据和融合数据。标签数据是指在收集到用户的个人敏感属性后，对数据进行区间化、分级化、统计分析后形成的一些非精确的模糊化标签数据，如偏好标签、关系标签。统计数据是指群体性综合性数据，是对多个用户个人或实体对象的数据进行统计或分析后形成的数据，如出行类互联网公司可能会使用群体用户位置轨迹统计信息，而金融业务部门常用交易统计数据、统计分析报表等。融合数据是指对不同业务目的或地域的数据汇聚，进行挖掘或聚合，如多个业务、多个地市的数据整合、汇聚。以上信息由于加工的方法和涉及的用户数量不同，数据级别也不同。标签数据级别通常比原始数据级别更低，而统计数据例如出行类互联网公司的群体用户位置轨迹统计信息，这种涉及大规模群体的特征，应设置比原始数据集级别更高的级别。对于融合数据，则应考虑其数据汇聚融合结果，若融合数据包含了更多的原始数据或能挖掘出更敏感的数据，则应升高其级别，若结果降低了标识化程度，可降低融合数据的数据级别。针对数据级别高的数据，所采取的数据保护措施也应更加严格。

2.监管要点和监管方法

加工阶段监管要点和监管方法见表2-12。

表2-12 加工阶段监管要点和监管方法

项目	监管要点	监管方法
政府	数据安全责任意识	对加工过程责任到人 严格执行批准程序 定期检查安全保护工作
企业	数据安全风险防御	加强信息系统安全防护 定期反馈数据使用情况

在数据加工阶段，监管要点包括定期开展风险评估，加强信息系统安全防护；对加工过程责任到人、实行严格的批准程序，调查、处理违法信息处理活动，对责任人进行数据安全培训计划，采取备份、加密、访问控制等必要监管措施。

对于互联网企业而言，应当采取备份、加密、访问控制等必要措施，保障数据免遭泄露、窃取、篡改、毁损、丢失、非法使用，从容应对数据安全事件，防范针对和利用数据的违法犯罪活动，维护数据的完整性、保密性。另外，企业应当定期向公共管理和服务机构、公共数据主管部门反馈公共数据的使用情况，并定期明确、公开处理情况。

对于政府或事业单位而言，应当经过严格的批准程序，监督受托方履行相应的数据安全保护义务。受托方应当依照法律法规的规定和合同约定履行数据安全保护义务，不得擅自留存、使用、泄露或者向他人提供政务数据并应当调查、处理有违法行为的个人信息处理活动。另外，为保障数据安全，政府应定期监督、检查、指导计算机信息系统安全保护工作。在加工公共数据过程中，因数据汇聚、关联分析可能产生涉密、涉敏数据的，应当进行安全评估，征求专家委员会的意见，并根据评估和征求意见情况采取相应的安全措施。此外，机构应当接受公共数据利用安全监督检查。公共数据开放主体应当将签订的公共数据开放利用协议报同级公共数据主管部门备案，其中，公共数据开放利用协议示范文本由省公共数据主管部门会同同级有关部门制定。此外，公共数据开放主体应当按照有关标准和要求，对开放的公共数据进行清洗、脱敏、脱密、格式转换等处理，并根据开放目录明确的更新频率，及时更新和维护。

2.2.5 传输阶段

传输阶段相关法律法规见表2-13。

表2-13 传输阶段相关法律法规

项目	法律法规	行政法规	国家标准
政府	《数据安全法》第三条：数据处理，包括数据的收集、存储、使用、加工、传输、提供、公开等数据安全，是指通过采取必要措施，确保数据处于有效保护和合法利用的状态，以及具备保障持续安全状态的能力 《个人信息保护法》第十条：任何组织、个人不得非法收集、使用、加工、传输他人个人信息，不得非法买卖、提供或者公开他人个人信息；不得从事危害国家安全、公共利益的个人信息处理活动	《网络数据安全管理条例》第八条：任何个人、组织不得利用网络数据从事非法活动，不得从事窃取或者以其他非法方式获取网络数据、非法出售或者非法向他人提供网络数据等非法网络数据处理活动。任何个人、组织不得提供专门用于从事前款非法活动的程序、工具；明知他人从事前款非法活动的，不得为其提供互联网接入、服务器托管、网络存储、通信传输等技术支持，或者提供广告推广、支付结算等帮助 《网络数据安全管理条例》第九条：网络数据处理者应当依照法律、行政法规的规定和国家标准的强制性要求，在网络安全等级保护的基础上，加强网络数据安全防护，建立健全网络数据安全管理制度，采取加密、备份、访问控制、安全认证等技术措施和其他必要措施，保护网络数据免遭篡改、破坏、泄露或者非法获取、非法利用，处置网络数据安全事件，防范针对和利用网络数据实施的违法犯罪活动，并对所处理网络数据的安全承担主体责任	《信息安全技术 大数据安全管理指南》规定遵循可审计原则，记录时间、分发数据、数据接收方等相关信息。评估数据分发中的传输安全风险，确保数据传输安全 《信息安全技术 大数据安全管理指南》规定个人信息、重要数据等有出境需求时，应根据相关法律法规、政策文件和标准执行出境安全评估 《信息安全技术 数据安全能力成熟度模型》：应跟进传输通道加密保护的技术发展，评估新技术对安全方案的影响，适当引入新技术以应对最新的安全风险（BP.05.17） 《信息安全技术 大数据安全能力成熟度模型》：通过网络基础设施及网络层数据防泄露设备的备份建设，实现网络的高可用性，从而保证数据传输过程的稳定性 《信息安全技术 大数据安全能力成熟度模型》：跟进组织需符合的法律法规要求，以保证组织业务的发展不会面临个人信息保护、重要数据保护、跨境数据传输等方面的合规风险 《信息安全技术 大数据安全能力成熟度模型》：应在组织层面设立了专职负责个人信息保护、重要数据保护、跨境数据传输等方面的安全合规的岗位和人员，负责明确组织在个人信息保护、重要数据保护、跨境数据传输等方面的安全合规需求，制定数据安全合规的规范要求和解决方案，推进其在组织整体范围内的执行（BP.22.05）
企业	《数据安全法》第三条：数据处理，包括数据的收集、存储、使用、加工、传输、提供、公开等数据安全，是指通过采取必要措施，确保数据处于有效保护和合法利用的状态，以及具备保障持续安全状态的能力 《个人信息保护法》第十条：任何组织、个人不得非法收集、使用、加工、传输他人个人信息，不得非法买卖、提供或者公开他人个人信息；不得从事危害国家安全、公共利益的个人信息处理活动	《网络数据安全管理条例》第八条：任何个人、组织不得利用网络数据从事非法活动，不得从事窃取或者以其他非法方式获取网络数据、非法出售或者非法向他人提供网络数据等非法网络数据处理活动。任何个人、组织不得提供专门用于从事前款非法活动的程序、工具；明知他人从事前款非法活动的，不得为其提供互联网接入、服务器托管、网络存储、通信传输等技术支持，或者提供广告推广、支付结算等帮助 《网络数据安全管理条例》第九条：网络数据处理者应当依照法律、行政法规的规定和国家标准的强制性要求，在网络安全等级保护的基础上，加强网络数据安全防护，建立健全网络数据安全管理制度，采取加密、备份、访问控制、安全认证等技术措施和其他必要措施，保护网络数据免遭篡改、破坏、泄露或者非法获取、非法利用，处置网络数据安全事件，防范针对和利用网络数据实施的违法犯罪活动，并对所处理网络数据的安全承担主体责任 《网络数据安全管理条例》第四十条：网络平台服务提供者应当通过平台规则或者合同等明确接入其平台的第三方产品和服务提供者的网络数据安全保护义务，督促第三方产品和服务提供者加强网络数据安全管理 《网络数据安全管理条例》第四十一条：提供应用程序分发服务的网络平台服务提供者，应当建立应用程序核验规则并开展网络数据安全相关核验。发现待分发或已分发的应用程序不符合法律、行政法规的规定或者国家标准的强制性要求的，应当采取警示、不予分发、暂停分发或者终止分发等措施	《信息安全技术 大数据安全管理指南》规定遵循可审计原则，记录时间、分发数据、数据接收方等相关信息。评估数据分发中的传输安全风险，确保数据传输安全 《信息安全技术 大数据安全管理指南》规定个人信息、重要数据等有出境需求时，应根据相关法律法规、政策文件和标准执行出境安全评估 《信息安全技术 大数据安全能力成熟度模型》：应跟进传输通道加密保护的技术发展，评估新技术对安全方案的影响，适当引入新技术以应对最新的安全风险（BP.05.17） 《信息安全技术 大数据安全能力成熟度模型》：通过网络基础设施及网络层数据防泄露设备的备份建设，实现网络的高可用性，从而保证数据传输过程的稳定性 《信息安全技术 大数据安全能力成熟度模型》：跟进组织需符合的法律法规要求，以保证组织业务的发展不会面临个人信息保护、重要数据保护、跨境数据传输等方面的合规风险 《信息安全技术 大数据安全能力成熟度模型》：应在组织层面设立了专职负责个人信息保护、重要数据保护、跨境数据传输等方面的安全合规的岗位和人员，负责明确组织在个人信息保护、重要数据保护、跨境数据传输等方面的安全合规需求，制定数据安全合规的规范要求和解决方案，推进其在组织整体范围内的执行（BP.22.05）

1.风险点及风险防范要点

传输阶段风险点及风险防范要点见表2-14。

表2-14 传输阶段风险点及风险防范要点

项目	风险点	风险防范要点
政府	数据完整性、数据保密性；政府内部的传输通道可能受到破坏和传输内容发生泄露、窃取、篡改	加强数据加密等内部主动防御技术 部署防火墙、客户端准入控制等防止外部攻击
企业	数据完整性、数据保密性；企业可能面临客户端伪造风险、身份鉴别信息泄露风险和数据泄露及遭受攻击风险	优化加密方法、升级密钥强度等技术方法，应用身份鉴别处理机制等管理措施

数据泄露、数据被篡改是数据传输阶段面临的风险。在传输阶段，首先，由于不正确的保护措施，数据很容易发生泄露的问题。其次，若攻击者在传输阶段得到了数据，可能会对数据进行篡改、伪造，使得接收方得到的数据为不正确的数据。另外，若在传输阶段不遵循相关准则，也会导致数据被篡改等风险。数据传输安全，是指通过采取必要措施，确保数据在传输阶段，处于有效保护和合法利用的状态，以及具备保障持续安全状态的能力。我国《个人信息保护法》第四条明确规定，传输行为属于信息处理的一种，受到《个人信息保护法》的约束。数据传输者应当根据传输的数据类型、级别和应用场景，制定安全策略并采取保护措施。

对于政府及事业单位而言，政务服务是指政府相关部门及事业单位通过政务服务平台，为企业、个人等提供的许可、确认、裁决、奖励、处罚等行政服务。此时面临的风险有恶意客户端接入、数据从客户端传输到服务器的过程中发生泄露和篡改、恶意服务器调用等。我国近年来数字政府建设取得显著成效，但数字政府建设的数据安全也需得到保障。数字政府建设数据传输安全应用场景有面向政务服务和面向内部管理等。为降低以上风险，数据使用部门可采用客户端准入控制等方式，降低未授权客户端接入风险；通过客户端加壳等技术措施，降低客户端和服务器被恶意篡改的风险；通过对传输通道和数据内容进行加密，并对加密算法、密钥强度进行优化和升级，提升数据传输过程中的安全性，避免数据泄露。在内部管理的应用场景中，数据在政府内部部门之间流通，主要是数据管理部门在负责数据的传输工作。传输具有主体数量有限、范围固定的特点。此时面临的风险有传输通道受到破坏和传输内容发生泄露、窃取、篡改等。为防范传输通道被破坏的风险，可部署防火墙等安全设备，应对外部攻击，同时做好内部网络的主动防御，确保内部网络和外部网络的安全隔离；为防范传输内容泄露风险，可对数据内容进行加密，并通过对加密算法、密钥强度进行优化和升级，提升数据传输过程中的安全性。

对于互联网企业而言，互联网数据传输安全应用场景有面向平台向用户提供服务的数据传输、面向平台和平台之间信息共享的数据传输等。对于面向平台向用户提供服务的数据传输，数据从用户客户端发传输到服务器上，发送方具有分布广泛且请求数量大的特点。面向平台和平台之间信息共享的数据传输路径为第三方利用客户端调用平台后端的数据，按照传输方式可分为客户端从后端接口拉取数据和客户端向后端接口上传数据这两种方式。对于这些应用场景，面临的主要风险点有客户端伪造风险、身份鉴别信息泄露风险和数据泄露及遭受攻击风险。为防范客户端伪造风险，可使用客户端加壳、完整性校验、密钥双向校验等技术措施。对身份鉴别信息泄露风险来说，从管理方面讲，数据管理部门可规范业务交互过程中的身份鉴别处理机制等管理措施；从技术方面讲，数据使用部门可对加密的加密方法、密钥强度等进行优化和升级，降低关键数据被泄露及解密的风险。对于数据泄露及遭受攻击风险，其多是数据库权限管理不到位或权限策略不细致导致的，因此数据管理部门可提供统一的数据读取接口和申请机制，保证数据库权限的收敛和最小化原则。

在数据的传输阶段，参与其中的任意角色常用的数据的防窃取、防篡改、防抵赖措施包括以下方面。

（1）数据加密

首先，遵循《数据安全法》和《个人信息保护法》的相关条例，依据相关的操作规章和制度，对所处理的数据进行规范和加密的传输。由于数据在传输过程中是容易被抓包的，如果直接传输（如通过http协议），那么用户传输的数据可以被任何人获取；所以必须对数据加密，常见的做法是对关键字段加密，如用户密码直接通过md5加密；现在主流的做法是使用https协议，在http和tcp之间添加一层加密层，使其负责数据的加密和解密。

（2）数据加签

数据签名使用比较多的是md5算法，其将需要提交的数据通过某种方式组合合成一个字符串，然后通过md5生成一段加密字符串，这段加密字符串就是数据包的签名。时间戳机制：数据是很容易被抓包的，但是经过如上的加密、加签处理，攻击者就算拿到数据也不能看到真实的数据；但是有不法者不关心真实的数据，而是直接拿到抓取的数据包进行恶意请求。这时可以使用时间戳机制，在每次请求中加入当前的时间，服务器端会拿到当前时间和消息中的时间相减，看看是否在一个固定的时间范围内（如5分钟内）。这样恶意请求的数据包里面的时间无法更改，5分钟后即被视为非法请求了。

（3）AppId机制

AppId指的是application identification。其会生成一个唯一的AppId，该AppId由字母、数字或特殊字符随机生成，并根据实际情况确定是否需要全局唯一。不论是否全局唯一，生成的AppId都应具有趋势递增和信息安全的属性。

（4）限流机制

常用的限流算法包括固定窗口计数器算法、滑动窗口计数器算法、漏桶限流和令牌桶限流。

（5）黑名单机制

该机制给每个用户设置一个状态（如初始化状态、正常状态、中黑状态、关闭状态等），或者直接通过分布式配置中心直接保存黑名单列表，每次检查该用户是否在列表即可。数据合法性校验：数据合法性校验包括常规性校验（包括签名校验、必填校验、长度校验、类型校验、格式校验）和业务校验（根据实际业务而定，比如订单金额不能小于0等）。

2.监管要点和监管方法

传输阶段监管要点和监管方法见表2-15。

表2-15 传输阶段监管要点和监管方法

项目	监管要点	监管方法
政府	是否有安全的数据传输渠道 数据传输内容与对象是否可信 数据安全监管标准是否健全	建立相关制度，指导督促相关保障工作 建立健全个人信息和数据安全保护制度 制定数据安全监管标准
企业	是否使用加密传输技术 是否设有相关访问控制权限 是否定期进行安全备份 是否定期进行安全评估 是否对员工定期进行安全培训	明确责任主体，依据相关法规管理 定期开展公共数据共享风险评估和安全审查 定期对数据进行安全备份 采用安全的传输协议和技术

数据在传输阶段，定期监测、记录网络运行状态、网络安全事件确保数据安全；采取数据分类、重要数据备份和加密等措施，说明数据来源，审核交易双方的身份并留档等措施是必要的。

政府及事业单位要组织建立政务信息资源共享网络安全管理制度，指导督促政务信息资源采集、共享、使用全过程的网络安全保障工作，指导推进政务信息资源共享风险评估和安全审查。共享平台管理单位要加强共享平台安全防护，切实保障政务信息资源共享交换时的数据安全。对于专门安全管理机构来说，其要履行个人信息和数据安全保护责任，建立健全个人信息和数据安全保护制度的职责，并对关键信息基础设施设计、建设、运行、维护等服务实施安全管理。具体而言，政府及事业单位可从数据传输渠道、数据传输内容、数据传输对象、数据安全监管标准等方面进行监管。政府部门可以要求互联网服务提供商采取安全传输协议，确保数据在传输过程中的安全性。政府部门可以要求互联网服务提供商对特定类型的数据传输进行监控和审核，以确保数据符合法律和监管要求。政府部门可以制定相关规定，要求企业必须通过特定的渠道和方式向政府传输数据，以确保数据传输的合法性和安全性。政府可以制定数据安全监管标准，要求企业在数据传输过程中遵循一定的数据安全管理制度和措施，以确保数据传输的安全和可靠性。

对于互联网企业来说，在对外输出数据产品或者提供数据服务时，首先应当依照法律法规和国家标准要求，按照公共数据全生命周期管理，建立健全全流程数据安全管理与保障制度，明确数据共享安全的范围边界、责任主体和具体要求，制定公共数据安全等级保护措施，按照国家和本省、市（区）规定，定期对公共数据共享数据库采用加密方式进行本地及异地备份，指导、督促公共数据采集、使用、管理全过程的安全保障工作，定期开展公共数据共享风险评估和安全审查，保障数据安全。其次，统筹协调有关部门加强网络安全信息收集、分析和通报工作，按照规定发布网络安全监测预警信息，加强大数据环境下防攻击、防泄露、防窃取的监测、预警能力建设，保障数据安全。具体而言，企业可在加密传输、访问控制、安全备份、安全评估、员工培训等方面进行监管。企业应采用安全的传输协议和技术，对数据进行加密传输，确保数据在传输过程中的机密性和完整性。企业应采取访问控制措施，限制对数据的访问权限，确保只有经过授权的人员才可以访问数据，并对访问行为进行监控和审计。企业应对数据进行定期备份，确保数据在传输过程中不会丢失或受到损坏。企业应定期进行数据安全评估，及时发现和修复安全漏洞，确保数据传输的安全性和可靠性。企业应加强员工的网络安全意识培训，提高他们的安全防范意识，避免内部人员造成数据泄露或其他安全问题。

2.2.6 提供阶段

提供阶段相关法律法规见表2-16。

表2-16 提供阶段相关法律法规

项目	法律法规	行政法规	国家标准
政府	《数据安全法》第三十六条：中华人民共和国主管机关根据有关法律和中华人民共和国缔结或者参加的国际条约、协定，或者按照平等互惠原则，处理外国司法或者执法机构关于提供数据的请求。非经中华人民共和国主管机关批准，境内的组织、个人不得向外国司法或者执法机构提供存储于中华人民共和国境内的数据 《数据安全法》第三十八条：国家机关为履行法定职责的需要收集、使用数据，应当在其履行法定职责的范围内依照法律、行政法规规定的条件和程序进行；对在履行职责中知悉的个人隐私、个人信息、商业秘密、保密商务信息等数据应当依法予以保密，不得泄露或者非法向他人提供 《数据安全法》第四十条：国家机关委托他人建设、维护电子政务系统，存储、加工政务数据，应当经过严格的批准程序，并应当监督受托方履行相应的数据安全保护义务。受托方应当依照法律、法规的规定和合同约定履行数据安全保护义务，不得擅自留存、使用、泄露或者向他人提供政务数据 《数据安全法》第四十六条：违反本法第三十一条规定，向境外提供重要数据的，由有关主管部门责令改正，给予警告，可以并处十万元以上一百万元以下罚款，对直接负责的主管人员和其他直接责任人员可以处一万元以上十万元以下罚款；情节严重的，处一百万元以上一千万元以下罚款，并可以责令暂停相关业务、停业整顿、吊销相关业务许可证或者吊销营业执照 《数据安全法》第四十八条：违反本法第三十六条规定，未经主管机关批准向外国司法或者执法机构提供数据的，由有关主管部门给予警告，可以并处十万元以上一百万元以下罚款，对直接负责的主管人员和其他直接责任人员可以处一万元以上十万元以下罚款；造成严重后果的，处一百万元以上五百万元以下罚款，并可以责令暂停相关业务、停业整顿、吊销相关业务许可证或者吊销营业执照，对直接负责的主管人员和其他直接责任人员处五万元以上五十万元以下罚款 《个人信息保护法》第十条：任何组织、个人不得非法收集、使用、加工、传输他人个人信息，不得非法买卖、提供或者公开他人个人信息；不得从事危害国家安全、公共利益的个人信息处理活动	《网络数据安全管理条例》第八条：任何个人、组织不得利用网络数据从事非法活动，不得从事窃取或者以其他非法方式获取网络数据、非法出售或者非法向他人提供网络数据等非法网络数据处理活动。任何个人、组织不得提供专门用于从事前款非法活动的程序、工具；明知他人从事前款非法活动的，不得为其提供互联网接入、服务器托管、网络存储、通信传输等技术支持，或者提供广告推广、支付结算等帮助 《网络数据安全管理条例》第十条：网络数据处理者提供的网络产品、服务应当符合相关国家标准的强制性要求；发现网络产品、服务存在安全缺陷、漏洞等风险的，应当立即采取补救措施，按照规定及时告知用户并向有关主管部门报告；涉及危害国家安全、公共利益的，网络数据处理者还应当在24小时内向有关主管部门报告 《网络数据安全管理条例》第十二条：网络数据处理者向其他网络数据处理者提供、委托处理个人信息和重要数据的，应当通过合同等与网络数据接收方约定处理目的、方式、范围以及安全保护义务等，并对网络数据接收方履行义务的情况进行监督。向其他网络数据处理者提供、委托处理个人信息和重要数据的处理情况记录，应当至少保存3年 《网络数据安全管理条例》第十六条：网络数据处理者为国家机关、关键信息基础设施运营者提供服务，或者参与其他公共基础设施、公共服务系统建设、运行、维护的，应当依照法律、法规的规定和合同约定履行网络数据安全保护义务，提供安全、稳定、持续的服务 前款规定的网络数据处理者未经委托方同意，不得访问、获取、留存、使用、泄露或者向他人提供网络数据，不得对网络数据进行关联分析 《网络数据安全管理条例》第十七条：为国家机关提供服务的信息系统应当参照电子政务系统的管理要求加强网络数据安全管理，保障网络数据安全 《网络数据安全管理条例》第十九条：提供生成式人工智能服务的网络数据处理者应当加强对训练数据和训练数据处理活动的安全管理，采取有效措施防范和处置网络数据安全风险 《网络数据安全管理条例》第三十五条：符合下列条件之一的，网络数据处理者可以向境外提供个人信息：（一）通过国家网信部门组织的数据出境安全评估；（二）按照国家网信部门的规定经专业机构进行个人信息保护认证；（三）符合国家网信部门制定的关于个人信息出境标准合同的规定；（四）为订立、履行个人作为一方当事人的合同，确需向境外提供个人信息；（五）按照依法制定的劳动规章制度和依法签订的集体合同实施跨境人力资源管理，确需向境外提供员工个人信息；（六）为履行法定职责或者法定义务，确需向境外提供个人信息；（七）紧急情况下为保护自然人的生命健康和财产安全，确需向境外提供个人信息；（八）法律、行政法规或者国家网信部门规定的其他条件	《信息安全技术 大数据安全管理指南》规定数据使用时，实施部门应遵守最小授权原则，提供细粒度访问控制机制，限定数据使用过程中可访问的数据范围和使用目的 《信息安全技术 大数据安全管理指南》提供有效的数据共享机制，明确不同机构或部门、不同身份与目的的用户的权限，保证访问控制的有效性 《信息安全技术 数据安全能力成熟度模型》：组织应提供统一的数据加密模块供开发传输功能的人员调用，按照数据的分类类型和级别进行数据加密处理，保证组织内数据加密功能的统一性（BP.05.16） 《信息安全技术 数据安全能力成熟度模型》：应提供组织统一的数据处理与分析系统，并能够呈现数据处理前后数据间的映射关系（BP.11.12） 《信息安全技术 数据安全能力成熟度模型》：通过业务系统、产品对外部组织提供数据时，以及通过合作的方式与合作伙伴交换数据时执行共享管控策略，以降低数据共享场景下的安全风险

41

续表

项目	法律法规	行政法规	国家标准
政府	《个人信息保护法》第二十三条：个人信息处理者向其他个人信息处理者提供其处理的个人信息的，应当向个人告知接收方的名称或者姓名、联系方式、处理目的、处理方式和个人信息的种类，并取得个人的单独同意。接收方应当在上述处理目的、处理方式和个人信息的种类等范围内处理个人信息。接收方变更原先的处理目的、处理方式的，应当依照本法规定重新取得个人同意 《个人信息保护法》第三十六条：国家机关处理的个人信息应当在中华人民共和国境内存储；确需向境外提供的，应当进行安全评估。安全评估可以要求有关部门提供支持与协助 《个人信息保护法》第三十九条：个人信息处理者向中华人民共和国境外提供个人信息的，应当向个人告知境外接收方的名称或者姓名、联系方式、处理目的、处理方式、个人信息的种类以及个人向境外接收方行使本法规定权利的方式和程序等事项，并取得个人的单独同意 《个人信息保护法》第四十条：关键信息基础设施运营者和处理个人信息达到国家网信部门规定数量的个人信息处理者，应当将在中华人民共和国境内收集和产生的个人信息存储在境内。确需向境外提供的，应当通过国家网信部门组织的安全评估；法律、行政法规和国家网信部门规定可以不进行安全评估的，从其规定	《网络数据安全管理条例》第三十六条：中华人民共和国缔结或者参加的国际条约、协定对向中华人民共和国境外提供个人信息的条件等有规定的，可以按照其规定执行 《网络数据安全管理条例》第三十七条：网络数据处理者在中华人民共和国境内运营中收集和产生的重要数据确需向境外提供的，应当通过国家网信部门组织的数据出境安全评估。网络数据处理者按照国家有关规定识别、申报重要数据，但未被相关地区、部门告知或者公开发布为重要数据的，不需要将其作为重要数据申报数据出境安全评估 《网络数据安全管理条例》第三十八条：通过数据出境安全评估后，网络数据处理者向境外提供个人信息和重要数据的，不得超出评估时明确的数据出境目的、方式、范围和种类、规模等	
企业	《数据安全法》第三十六条：中华人民共和国主管机关根据有关法律和中华人民共和国缔结或者参加的国际条约、协定，或者按照平等互惠原则，处理外国司法或者执法机构关于提供数据的请求。非经中华人民共和国主管机关批准，境内的组织、个人不得向外国司法或者执法机构提供存储于中华人民共和国境内的数据 《数据安全法》第四十六条：违反本法第三十一条规定，向境外提供重要数据的，由有关主管部门责令改正，给予警告，可以并处十万元以上一百万元以下罚款，对直接负责的主管人员和其他直接责任人员可以处一万元以上十万元以下罚款；情节严重的，处一百万元以上一千万元以下罚款，并可以责令暂停相关业务、停业整顿、吊销相关业务许可证或者吊销营业执照，对直接负责的主管人员和其他直接责任人员处十万元以上一百万元以下罚款 《数据安全法》第四十八条：违反本法第三十六条规定，未经主管机关批准向外国司法或者执法机构提供数据的，由有关主管部门给予警告，可以并处十万元以上一百万元以下罚款，对直接负责的主管人员和其他直接责任人员可以处一万元以上十万元以下罚款；造成严重后果的，处一百万元以上五百万元以下罚款，并可以责令暂停相关业务、停业整顿、吊销相关业务许可证或者吊销营业执照，对直接负责的主管人员和其他直接责任人员处五万元以上五十万元以下罚	《网络数据安全管理条例》第八条：任何个人、组织不得利用网络数据从事非法活动，不得从事窃取或者以其他非法方式获取网络数据、非法出售或者非法向他人提供网络数据等非法网络数据处理活动。任何个人、组织不得提供专门用于从事前款非法活动的程序、工具；明知他人从事前款非法活动的，不得为其提供互联网接入、服务器托管、网络存储、通信传输等技术支持，或者提供广告推广、支付结算等帮助 《网络数据安全管理条例》第十条：网络数据处理者提供的网络产品、服务应当符合相关国家标准的强制性要求；发现网络产品、服务存在安全缺陷、漏洞等风险时，应当立即采取补救措施，按照规定及时告知用户并向有关主管部门报告；涉及危害国家安全、公共利益的，网络数据处理者还应当在24小时内向有关主管部门报告 《网络数据安全管理条例》第十二条：网络数据处理者向其他网络数据处理者提供、委托处理个人信息和重要数据的，应当通过合同等与网络数据接收方约定处理目的、方式、范围和种类、规模等，并对网络数据接收方履行义务的情况进行监督。向其他网络数据处理者提供、委托处理个人信息和重要数据的处理情况记录，应当至少保存3年 《网络数据安全管理条例》第十六条：网络数据处理者为国家机关、关键信息基础设施运营者提供服务，或者参与其他公共基础设施、公共服务系统建设、运行、维护的，应当依照法律、法规的规定和合同约定履行网络数据安全保护义务，提供安全、稳定、持续的服务	《信息安全技术 大数据安全管理指南》规定数据使用时，实施部门应遵守最小授权原则，提供细粒度访问控制机制，限定数据使用过程中可访问的数据范围和使用目的 《信息安全技术 大数据安全管理指南》提供有效的数据共享访问控制机制，明确不同机构或部门、不同身份的用户的权限，保证访问控制的有效性 《信息安全技术 数据安全能力成熟度模型》：组织应提供统一的数据加密模块供开发传输功能的人员调用，根据不同数据类型和级别进行数据加密处理，保证组织内数据加密功能的统一性（BP.05.16）

续表

项目	法律法规	行政法规	国家标准
企业	《个人信息保护法》第十条：任何组织、个人不得非法收集、使用、加工、传输他人个人信息，不得非法买卖、提供或者公开他人个人信息；不得从事危害国家安全、公共利益的个人信息处理活动 《个人信息保护法》第二十三条：个人信息处理者向其他个人信息处理者提供其处理的个人信息的，应当向个人告知接收方的名称或者姓名、联系方式、处理目的、处理方式和个人信息的种类，并取得个人的单独同意。接收方应当在上述处理目的、处理方式和个人信息的种类等范围内处理个人信息。接收方变更原先的处理目的、处理方式的，应当依照本法规定重新取得个人同意 《个人信息保护法》第三十九条：个人信息处理者向中华人民共和国境外提供个人信息的，应当向个人告知境外接收方的名称或者姓名、联系方式、处理目的、处理方式、个人信息的种类以及个人向境外接收方行使本法规定权利的方式和程序等事项，并取得个人的单独同意 《个人信息保护法第四十条》：关键信息基础设施运营者和处理个人信息达到国家网信部门规定数量的个人信息处理者，应当将在中华人民共和国境内收集和产生的个人信息存储在境内。确需向境外提供的，应当通过国家网信部门组织的安全评估；法律、行政法规和国家网信部门规定可以不进行安全评估的，从其规定	前款规定的网络数据处理者未经委托方同意，不得访问、获取、留存、使用、泄露或者向他人提供网络数据，不得对网络数据进行关联分析 《网络数据安全管理条例》第十七条：为国家机关提供服务的信息系统应当参照电子政务系统的管理要求加强网络数据安全管理，保障网络数据安全 《网络数据安全管理条例》第十九条：提供生成式人工智能服务的网络数据处理者应当加强对训练数据和训练数据处理活动的安全管理，采取有效措施防范和处置网络数据安全风险 《网络数据安全管理条例》第三十五条：符合下列条件之一的，网络数据处理者可以向境外提供个人信息：（一）通过国家网信部门组织的数据出境安全评估；（二）按照国家网信部门的规定经专业机构进行个人信息保护认证；（三）符合国家网信部门制定的关于个人信息出境标准合同的规定；（四）为订立、履行个人作为一方当事人的合同，确需向境外提供个人信息；（五）按照依法制定的劳动规章制度和依法签订的集体合同实施跨境人力资源管理，确需向境外提供员工个人信息；（六）为履行法定职责或者法定义务，确需向境外提供个人信息；（七）紧急情况下为保护自然人的生命健康和财产安全，确需向境外提供个人信息；（八）法律、行政法规或者国家网信部门规定的其他条件。 《网络数据安全管理条例》第三十六条：中华人民共和国缔结或者参加的国际条约、协定对向中华人民共和国境外提供个人信息的条件等有规定的，可以按照其规定执行 《网络数据安全管理条例》第三十七条：网络数据处理者在中华人民共和国境内运营中收集和产生的重要数据确需向境外提供的，应当通过国家网信部门组织的数据出境安全评估。网络数据处理者按照国家有关规定识别、申报重要数据，但未被相关地区、部门告知或者公开发布为重要数据的，不需要将其作为重要数据申报数据出境安全评估 《网络数据安全管理条例》第三十八条：通过数据出境安全评估后，网络数据处理者向境外提供个人信息和重要数据的，不得超出评估时明确的数据出境目的、方式、范围和种类、规模等 《网络数据安全管理条例》第四十一条：提供应用程序分发服务的网络平台服务提供者，应当建立应用程序核验规则并开展网络数据安全相关核验。发现待分发或者已分发的应用程序不符合法律、行政法规的规定或者国家标准的强制性要求的，应当采取警示、不予分发、暂停分发或者终止分发等措施 《网络数据安全管理条例》第四十五条：大型网络平台服务提供者跨境提供网络数据，应当遵守国家数据跨境安全管理要求，健全相关技术和管理措施，防范网络数据跨境安全风险	《信息安全技术 数据安全能力成熟度模型》：应提供组织统一的数据处理与分析系统，并能够呈现数据处理前后数据间的映射关系（BP.11.12） 《信息安全技术 数据安全能力成熟度模型》：通过业务系统、产品对外部组织提供数据时，以及通过合作的方式与合作伙伴交换数据的安全风险控制，以降低数据共享场景下的安全风险

1.风险点及风险防范要点

提供阶段风险点及风险防范要点见表2-17。

表2-17 提供阶段风险点及风险防范要点

项目	风险点	风险防范要点
政府	数据提供合法正当必要性 数据提供技术安全审计	评估数据提供目的、方式、范围的合法性、正当性、必要性 加强数据提供过程管理 加强对数据接收方的资质审核 加强数据提供过程的监控审计,采取加密、脱敏等安全措施
企业	数据提供合法正当必要性 数据提供技术措施有效性	评估数据提供目的、方式、范围的合法性、正当性、必要性 加强数据提供过程管理 加强对数据接收方的资质审核 加强数据提供过程的监控审计,采取加密、脱敏等安全措施 数据转移安全 数据处境安全

数据提供阶段面临的风险点最主要的是数据提供的合法正当必要性。在提供阶段,首先,需要评估数据对外提供的目的、方式、范围的合法性、正当性、必要性,数据提供的依据和目的是否合理、明确等,对数据接收方的资质、合同协议等进行审查。若数据提供阶段未严格遵守相关制度规范和章程,可能造成数据暴露面过大、接触范围过广,将数据提供给不该使用的单位和部门,造成数据滥用风险;若未对数据接收方的资质进行审核,会存在较高的数据安全风险,很容易发生数据泄露的问题。在数据处理的过程中,数据提供安全具有至关重要的作用。所谓数据提供安全,指的是通过采取必要措施,确保数据在提供阶段能够处于有效保护和合法利用的状态,并且具备保障持续安全状态的能力。我国《个人信息保护法》第四条明确规定,提供行为属于信息处理的一种,因此必须受到《个人信息保护法》的约束。在数据提供过程中,数据提供者应当根据提供的数据类型、级别和应用场景等因素,制定相应的安全策略,并采取一系列有效的保护措施来确保数据的安全。这些保护措施可以包括技术措施、管理措施、物理措施等,旨在防止数据泄露、篡改、丢失或被非法访问等情况的发生。只有通过全面、系统、有效的数据提供安全措施,才能真正保障数据的安全性和可靠性。

对于政府及事业单位而言,在数据提供阶段,政府及事业单位面临着许多数据安全风险。其中最主要的是泄露国家秘密、暴露个人信息和篡改数据等。为了应对这些风险,政府及事业单位可以采取多种措施。首先,政府及事业单位应该加强数据安全管理,建立完善的数据安全管理制度,包括数据提供前开展安全风险评估、数据提供前置审批、通过合同协议对数据安全管理进行约定等措施，确保在合法合规的前提下合理提供数据，且提供的数据限于实现处理目的的最小范围。其次，加强对数据接收方的管理，在数据提供前加强对接收方的审查，包括数据接收方的诚信状况、违法违规等情况；数据接收方处理数据的目的、方式、范围等的合法性、正当性、必要性；接收方是否承诺具备保障数据安全的管理、技术措施和能力并履行责任义务。最后，通过技术措施加强数据提供安全管理，如对所提供数据及数据提供过程进行监控审计，对提供的敏感数据进行加密，提供数据时采取签名、添加水印、脱敏等安全措施。在对外提供数据时，政府和事业单位尤其需要注意按相关流程办事，有依据、按程序，确保政策合规性、业务合理性。

对于互联网企业而言，在数据提供阶段，企业同样面临着许多数据安全风险，其中最主要的是泄露商业秘密、身份盗窃、数据篡改和数据丢失等。为了应对这些风险，企业应该加强数据安全管理，建立完善的数据安全管理制度，包括上述数据安全风险评估、前置审批等措施，加强对数据接收方的管理，采取必要的措施做好数据提供的安全管理。对于企业来讲，提供数据时，应当遵守国家法律法规相关的规定。对于个人信息处理者，只要达到国家网信部门规定的数量，以及关键信息基础设施运营者，都应当将在中华人民共和国境内收集和产生的个人信息存储在境内。如果确实需要向境外提供个人信息，就必须通过国家网信部门组织的安全评估来进行。对于那些在法律、行政法规和国家网信部门规定中明确不需要进行安全评估的情况，则可以按相应规定执行。企业在向其他个人信息处理者提供其处理的个人信息时，应向个人告知接收方的名称或者姓名、联系方式、处理目的、处理方式和个人信息的种类，并取得个人的单独同意。接收方应当在上述处理目的、处理方式和个人信息的种类等范围内处理个人信息。如果接收方需要变更原先的处理目的、处理方式，应当依照相关法律规定重新取得个人同意。

2.监管要点和监管方法

提供阶段监管要点和监管方法见表2-18。

表2-18 提供阶段监管要点和监管方法

项目	监管要点	监管方法
政府	1.数据使用目的。政府需要确保企业在使用数据时符合法律法规和社会伦理道德,不能滥用数据、违法违规使用 2.个人信息保护。政府需要确保企业在处理和传输个人信息时,遵循相关法律法规,保障个人信息安全和隐私 3.数据安全。政府需要确保企业在数据提供环节中,采取有效的安全措施,防止数据泄露、篡改或丢失 4.跨境数据流动。政府需要监管企业跨境传输数据时是否符合相关法律法规,并确保数据传输过程中的安全和隐私保护	1.制定相关法律法规,规范数据处理和使用的行为 2.加强对企业的监管和审查,及时发现和处理违法违规行为 3.建立信息安全和隐私保护的标准和规范,引导企业遵循规范操作 4.建立跨部门、跨领域的信息共享和协作机制,提高监管效能
企业	1.数据提供的合法性和合规性。企业需要核实所提供的数据是否符合法律法规和相关合规标准 2.数据安全。企业需要采取有效的技术措施,确保数据在传输、存储和使用过程中的安全 3.管理供应链安全。企业需要建立供应链安全管理体系,防止第三方因素对数据安全造成威胁 4.完善的风险管理体系。企业需要建立完善的风险管理体系,对潜在的安全风险进行评估和控制	1.建立完善的数据管理和安全管理制度,确保数据的合规性和安全性 2.提高员工的安全意识,加强网络安全培训和教育 3.定期进行数据安全监测和评估,及时发现和处理安全漏洞

在数据提供阶段,相关部门应对相关信息安全风险进行监管,确保数据安全;确保数据接收方资质,保证数据提供操作严格按照相关章程行事。这些措施对于保障信息安全来讲是十分重要的。

对于政府及事业单位而言,首先要监管数据安全保护措施:政府及事业单位需要对企业采取的数据安全保护措施进行监管,确保企业采取了必要的技术、物理和管理措施,保护个人信息安全不受侵害。例如,政府可以要求企业定期进行安全评估、采取数据备份和加密等措施。其次要监管数据收集和使用行为:政府及事业单位需要监管企业在数据收集和使用过程中是否遵守相关的法律法规和标准,防止数据被滥用、泄露或篡改。例如,政府可以要求企业明确数据收集和使用的目的,并且在收集和使用时保护个人隐私。再次,要监管数据共享和交换行为:政府及事业单位需要监管企业在数据共享和交换过程中是否遵守相关的法律法规和标准,防止数据被滥用、泄露或篡改。例如,政府可以要求企业在数据共享和交换前获得个人同意,并且对接收方进行身份验证,确保数据不会被用于非法目的。最后,要监管数据保留期限:政府及事业单位需要监管企业在处理个人信息时是否遵守相关的法律法规和标准,如《网络安全法》规定,企业应当在达到规定的保留期限后删除个人信息，否则将面临相应的处罚。

互联网企业要加强数据安全管理，建立完善的数据安全管理制度，包括数据备份、数据加密、访问控制等措施，以确保数据的安全性和完整性；提高员工的网络安全意识，加强员工的网络安全意识培训，提高他们的安全防范意识，以减少人为疏忽和错误导致的数据安全问题；定期进行数据安全监测，及时发现和修复安全漏洞，避免数据被黑客攻击或恶意软件感染。

加强内部安全管理对企业来讲也十分重要，企业可以通过权限控制和监督来加强内部安全管理，防止内部人员窃取或泄露数据。

在提供数据时，企业应当对数据采取与数据类型相对应的风险防范措施。对于个人信息，应指定个人信息保护负责人，负责对个人信息处理活动以及采取的保护措施等进行监督。个人信息处理者应当公开个人信息保护负责人的联系方式，并将个人信息保护负责人的姓名、联系方式等报送履行个人信息保护职责的部门。提供重要互联网平台服务、用户数量巨大、业务类型复杂的个人信息处理者，应当定期发布个人信息保护社会责任报告，接受社会监督。对于政务数据，通过政务数据共享开放平台获取政务数据的单位，应当加强数据使用的全过程管理，采取必要的安全保障措施，对未经许可扩散或者非授权使用政务数据等违法违规行为及其后果负责。

2.2.7 公开阶段

公开阶段相关法律法规见表2-19。

表2-19 公开阶段相关法律法规

项目	法律法规	部门规章	国家标准
政府	《数据安全法》第四十一条：国家机关应当遵循公正、公平、便民的原则，按照规定及时、准确地公开政务数据。依法不予公开的除外 《个人信息保护法》第七条：处理个人信息应当遵循公开、透明原则，公开个人信息处理规则，明示处理的目的、方式和范围 《个人信息保护法》第十条：任何组织、个人不得非法收集、使用、加工、传输他人个人信息，不得非法买卖、提供或者公开他人个人信息；不得从事危害国家安全、公共利益的个人信息处理活动 《个人信息保护法》第二十五条：个人信息处理者不得公开其处理的个人信息，取得个人单独同意的除外 《个人信息保护法》第二十七条：个人信息处理者可以在合理的范围内处理个人自行公开或者其他已经合法公开的个人信息；个人明确拒绝的除外。个人信息处理者处理已公开的个人信息，对个人权益有重大影响的，应当依照本法规定取得个人同意	《网络数据安全管理条例》第四条：国家鼓励网络数据在各行业、各领域的创新应用，加强网络数据安全防护能力建设，支持网络数据相关技术、产品、服务创新，开展网络数据安全宣传教育和人才培养，促进网络数据开发利用和产业发展 《网络数据安全管理条例》第二十条：面向社会提供产品、服务的网络数据处理者应当接受社会监督，建立便捷的网络数据安全投诉、举报渠道，公布投诉、举报方式等信息，及时受理并处理网络数据安全投诉、举报	《信息安全技术 大数据安全管理指南》规定在数据分发前，对数据的敏感性进行评估，根据评估结果对需要分发的敏感信息进行脱敏操作 《信息安全技术 大数据安全管理指南》规定建立大数据公开的审核制度，严格审核发布信息符合相关法律法规要求。明确数据公开内容、权限和适用范围，信息发布者与使用者的权利与义务。定期审查公开发布的信息中是否含有非公开信息，一经发现，立即删除 《信息安全技术 数据安全能力成熟度模型》：a) 应明确数据公开发布的审核制度，严格审核数据发布合规要求（BP.16.06）；b) 应明确数据公开内容、适用范围及规范，发布者与使用者权利和义务（BP.16.07）；c) 应定期审查公开发布的数据中是否含有非公开信息，并采取相关措施满足数据发布的合规性（BP.16.08）；d) 应采取必要措施建立数据公开事件应急处理流程（BP.16.09）。e) 应建立数据发布系统，实现公开数据登记、用户注册等发布数据和发布组件的验证机制（BP.16.10）
企业	《个人信息保护法》第七条：处理个人信息应当遵循公开、透明原则，公开个人信息处理规则，明示处理的目的、方式和范围 《个人信息保护法》第十条：任何组织、个人不得非法收集、使用、加工、传输他人个人信息，不得非法买卖、提供或者公开他人个人信息；不得从事危害国家安全、公共利益的个人信息处理活动 《个人信息保护法》第二十五条：个人信息处理者不得公开其处理的个人信息，取得个人单独同意的除外 《个人信息保护法》第二十七条：个人信息处理者可以在合理的范围内处理个人自行公开或者其他已经合法公开的个人信息；个人明确拒绝的除外。个人信息处理者处理已公开的个人信息，对个人权益有重大影响的，应当依照本法规定取得个人同意	《网络数据安全管理条例》第四十四条：第四十四条 大型网络平台服务提供者应当每年度发布个人信息保护社会责任报告，报告内容包括但不限于个人信息保护措施和成效、个人行使权利的申请受理情况、主要由外部成员组成的个人信息保护监督机构履行职责情况等	《信息安全技术 大数据安全管理指南》规定在数据分发前，对数据的敏感性进行评估，根据评估结果对需要分发的敏感信息进行脱敏操作 《信息安全技术 大数据安全管理指南》规定建立大数据公开的审核制度，严格审核发布信息符合相关法律法规要求。明确数据公开内容、权限和适用范围，信息发布者与使用者的权利与义务。定期审查公开发布的信息中是否含有非公开信息，一经发现，立即删除 《信息安全技术 数据安全能力成熟度模型》：a) 应明确数据公开发布的审核制度，严格审核数据发布合规要求（BP.16.06）；b) 应明确数据公开内容、适用范围及规范，发布者与使用者权利和义务（BP.16.07）；c) 应定期审查公开发布的数据中是否含有非公开信息，并采取相关措施满足数据发布的合规性（BP.16.08）；d) 应采取必要措施建立数据公开事件应急处理流程（BP.16.09）。e) 应建立数据发布系统，实现公开数据登记、用户注册等发布数据和发布组件的验证机制（BP.16.10）

1.风险点及风险防范要点

公开阶段风险点及风险防范要点见表2-20。

表2-20　公开阶段风险点及风险防范要点

项目	风险点	风险防范要点
政府	数据完整性：数据被篡改或者损坏 数据保密性：数据被泄露	把握好信息公开的原则和程度 政府应该采用数据加密、数字签名等技术手段来保障数据完整性。政府可以使用公钥加密算法来加密数据，使用数字签名技术来保证数据的真实性和完整性 政府应该开展信息安全影响评估，并依评估结果采取相应措施。采取访问权限控制、数据加密等手段来保障数据保密性
企业	数据完整性：数据被篡改 数据保密性：数据被泄露	管理上，核实对方安全资质 技术上，采用隐私保护等安全技术

数据公开阶段主要存在数据泄露导致的数据完整性和保密性威胁。在数据公开阶段，首先，如果对敏感数据没有进行脱敏处理，可能导致一些重要的敏感信息泄露。其次，若公开对象的安全资质不合格，也可能导致这些数据的泄露。《个人信息保护法》中对数据的公开有一系列相应的准则。法案要求任何人不得非法公开他人信息，若确要公开信息，需在本人同意的前提下，且还需满足一系列准则要求。在数据公开阶段，若不严格依法守法，将会导致信息的泄露。在数据公开阶段，数据公开者作为数据的提供方，要对第三方和所服务对象的可信性进行验证。对于不可信的服务对象和第三方要拒绝向其提供数据，对于已经进行合作的服务对象和第三方要及时终止数据的提供，以防进一步的数据泄露。对于可信的第三方和服务对象在定期检查其可信程度和数据用途的基础上，则可以提供进一步的数据服务。数据使用者需要注意在公开阶段提供给第三方和服务对象数据的同时要做好对私密信息和个人敏感信息的处理和保护。

对于政府及事业单位而言，政府及事业单位在政务中常需要面向大众发布涉及个人信息的公告（如奖惩公示），需要对个人信息进行一定程度的公开。此时需要把握好信息公开的原则和程度，若处理不当则会面临个人信息泄露的风险。

对于互联网企业而言，当某个业务需要不同企业进行合作时，此时会存在数据共享的问题，如当一个互联网企业与其他公司进行合作时，需要将自己的部分用户数据公开给第三方。此时面临着大量数据泄露的问题。为防范这种风险，从管理层面上看，企业的数据管理部门需事先对接收数据的一方进行核实，确认其是否可信以及是否有相应的数据安全保护措施；从技术层面上看，企业的数据使用部门可采用联邦学习、同态学习等隐私计算手段，在保护用户隐私的前提下实现数据的公开，完成企业之间的业务合作。同时，企业的数据管理部门和技术部门也需要密切合作，共同推进数据共享的安全性。在对接收数据的一方进行核实时，企业应采用多种手段确保其可信度和数据安全性。比如，可以通过背景调查、访谈等方式验证其身份，并对其提供的数据进行安全审核。同时，企业应采取技术手段加强数据使用的安全性，例如，使用防火墙、入侵检测等技术保护用户数据的安全。除此之外，企业还应建立完善的数据安全管理制度，包括数据备份、数据加密、数据脱敏等措施，以确保数据的安全性和可靠性。

2.监管要点和监管方法

公开阶段监管要点和监管方法见表2-21。

表2-21　公开阶段监管要点和监管方法

项目	监管要点	监管方法
政府	信息安全机制完善性和规范性：政府在数据公开过程中，为保障数据隐私和安全所采取的一系列措施和规定	建立政务信息资源共享管理机制 建立信息共享工作评价机制
企业	数据开放是否合规：数据开放是否依照相关规定行事	监管公共数据开放安全措施是否完善 对数据利用情况进行后续跟踪

在数据公开阶段，监管要点包括评估数据接收方、第三方处理数据的目的、方式、范围等是否合法、正当、必要。因此，建立信息资源共享管理机制和信息共享工作评价机制十分必要：应加强对共享信息采集、共享、使用全过程的身份鉴别、授权管理和安全保障，确保共享信息安全，对受限开放类公共数据的开放和利用情况进行后续跟踪、服务，及时了解公共数据利用行为是否符合公共数据安全管理规定和开放利用协议，加强数据使用的全过程管理等。

对于政府或事业单位来说，应当建立政务信息资源共享管理机制和信息共享工作评价机制。首先，各政务部门和共享平台管理单位应加强对共享信息采集、共享、使用全过程的身份鉴别、授权管理和安全保障，确保共享信息安全。其次，需要明确科学数据的密级和保密期限、开放条件、开放对象和审核程序等，按要求公布科学数据开放目录，通过在线下载、离线共享或定制服务等方式向社会开放共享。再次，建立信息共享工作的评价机制，包括对信息共享工作的质量、效率、成本、风险等方面进行评价，评价结果可以作为信息共享工作改进和提升的依据。最后，加强宣传和推广工作，提高政务信息资源共享的意识和理解，培育共享文化，增强政务信息资源共享的主动性和积极性。政府所建立的资源共享机制需包括信息资源管理、共享的安全保障、共享方式、协作机制等，建立政务信息资源管理和共享的规范流程和标准，确保政务信息资源能被安全、可靠和高效地共享。此外，对于个人信息而言，需要制定相关法律法规和规章制度，保障公民个人信息的隐私权和安全保障，明确个人信息的收集、存储、处理、使用和共享等方面的要求和规范。同时需要以集中展示等便于用户访问的方式说明服务中嵌入的所有收集个人信息的目的、方式、种类、频次或者时机，及其个人信息处理规则，以及向第三方提供个人信息情形及其目的、方式、种类，数据接收方相关信息应当集中公开展示、易于访问并置于醒目位置，内容明确具体、简明通俗，能系统全面地向个人说明个人信息处理情况。

对于互联网企业来说，应当对受限开放类公共数据的开放和利用情况进行后续跟踪、服务，及时了解公共数据利用行为是否符合公共数据安全管理规定和开放利用协议，及时处理各类意见建议和投诉举报，并应按照国家和省（自治区、直辖市）有关规定完善公共数据开放安全措施，以及履行公共数据安全管理职责。

对于公共数据的开放和利用，应当遵守相关的法律法规和管理规定。例如，建立完善的数据分类、采集、共享、交换、平台对接、网络安全保障等方面的标准，形成完善的政务信息资源共享标准体系。同时，应当加强对公共数据的安全保护，包括涉密信息系统的分级保护、数据备份和恢复、访问权限控制等措施。此外，还应当建立健全监管机制，包括对共享平台的审核、监督和管理，确保公共数据的合法、合规使用。

2.2.8 销毁阶段

销毁阶段相关法律法规见表2-22。

表2-22 销毁阶段相关法律法规

项目	法律法规	行政法规	国家标准
政府	《个人信息保护法》第二十一条：个人信息处理者委托处理个人信息的，应当与受托人约定委托处理的目的、期限、处理方式、个人信息的种类、保护措施以及双方的权利和义务等，并对受托人的个人信息处理活动进行监督。受托人应当按照约定处理个人信息，不得超出约定的处理目的、处理方式等处理个人信息；委托合同不生效、无效、被撤销或者终止的，受托人应当将个人信息返还个人信息处理者或者予以删除，不得保留	《网络数据安全管理条例》第二十四条：因使用自动化采集技术等无法避免采集到非必要个人信息或者未依法取得个人同意的个人信息，以及个人注销账号的，网络数据处理者应当删除个人信息或者进行匿名化处理。法律、行政法规规定的保存期限未届满，或者删除、匿名化处理个人信息从技术上难以实现的，网络数据处理者应当停止除存储和采取必要的安全保护措施之外的处理	《信息安全技术 数据安全能力成熟度模型》11.1.2.3等级3：充分定义，该等级的数据安全能力要求描述如下。a)组织建设：组织应设立统一负责数据销毁管理的岗位和人员，负责制定数据销毁处置规范，并推动相关要求在业务部门落地实施(BP.18.06)。b)制度流程：1)应依照数据分类分级建立数据销毁策略和管理制度，明确数据销毁的场景、销毁对象、销毁方式、销毁要求(BP.18.07)；2)应建立规范的数据销毁流程和审批机制，设置销毁相关监督角色，监督操作过程，并对审批和销毁过程进行记录控制(BP.18.08)；3)应按国家相关法律和标准销毁个人信息、重要数据等敏感数据(BP.18.09)。c)技术工具：1)应针对网络存储数据，建立硬销毁和软销毁的数据销毁方法和技术，如基于安全策略、基于分布式杂凑算法等网络数据分布式存储的销毁策略与机制(BP.18.10)；2)应配置必要的数据销毁技术手段与管控措施，确保以不可逆方式销毁敏感数据及其副本内容(BP.18.11)。d)人员能力：负责数据销毁安全工作的人员应熟悉数据销毁的相关合规要求，能够主动根据政策变化和技术发展更新相关知识和技能(BP.18.12) 《信息安全技术 数据安全能力成熟度模》型11.1.2.4等级4：量化控制，该等级的数据安全能力要求描述如下。a)制度流程：1)应明确数据销毁效果评估机制，定期对数据销毁效果进行抽样认定(BP.18.13)；2)应明确已共享或者已被其他用户使用的数据销毁管控措施(BP.18.14)。b)技术工具：1)组织的数据资产管理系统应能够对数据的销毁需求进行明确的标识，并可通过该系统提醒数据管理者及时发起对数据的销毁(BP.18.15)；2)应通过技术手段避免对数据的误销毁(BP.18.16)。《信息安全技术大数据安全管理指南》7.4.2.5数据删除，实施部门应：a)立即删除超出收集阶段明确的数据留存期限的相关数据；对留存期限有明确规定的，按相关规定执行。b)在删除数据可能会影响执法机构调查取证时，采取适当的存储和屏蔽措施。c)依照数据分类分级建立相应的数据销毁机制，明确销毁方式和销毁要求。d)遵守审计原则，建立数据销毁策略和管理制度，明确销毁数据范围和流程，记录数据删除的操作时间、操作人、操作方式、数据内容等相关信息

续表

项目	法律法规	行政法规	国家标准
企业	《个人信息保护法》第二十一条：个人信息处理者委托处理个人信息的，应当与受托人约定委托处理的目的、期限、处理方式、个人信息的种类、保护措施以及双方的权利和义务等，并对受托人的个人信息处理活动进行监督。受托人应当按照约定处理个人信息，不得超出约定的处理目的、处理方式等处理个人信息；委托合同不生效、无效、被撤销或者终止的，受托人应当将个人信息返还个人信息处理者或者予以删除，不得保留	《网络数据安全管理条例》第二十四条：因使用自动化采集技术等无法避免采集到非必要个人信息或者未依法取得个人同意的个人信息，以及个人注销账号的，网络数据处理者应当删除个人信息或者进行匿名化处理。法律、行政法规规定的保存期限未届满，或者删除、匿名化处理个人信息从技术上难以实现的，网络数据处理者应当停止除存储和采取必要的安全保护措施之外的处理	《信息安全技术 数据安全能力成熟度模型》11.1.2.3 等级3：充分定义，该等级的数据安全能力要求描述如下。a）组织建设：组织应设立统一负责数据销毁管理的岗位和人员，负责制定数据销毁处置规范，并推动相关要求在业务部门落地实施（BP.18.06）。b）制度流程：1）应依照数据分类分级建立数据销毁策略和管理制度，明确数据销毁的场景、销毁对象、销毁方式和销毁要求（BP.18.07）；2）应建立规范的数据销毁流程和审批机制，设置销毁相关监督角色，监督操作过程，并对审批和销毁过程进行记录控制（BP.18.08）；3）应按国家相关法律和标准销毁个人信息、重要数据等敏感数据（BP.18.09）。c）技术工具：1）应针对网络存储数据，建立硬销毁和软销毁的数据销毁方法和技术，如基于安全策略、基于分布式杂凑算法等实现分布式存储的销毁策略与机制（BP.18.10）；2）应配置必要的数据销毁技术手段与管控措施，确保以不可逆方式销毁敏感数据及其副本内容（BP.18.11）。d）人员能力：负责数据销毁安全工作的人员应熟悉数据销毁的相关合规要求，能够主动根据政策变化和技术发展更新相关知识和技能（BP.18.12） 《信息安全技术 数据安全能力成熟度模型》11.1.2.4 等级4：量化控制，该等级的数据安全能力要求描述如下。a）制度流程：1）应明确数据销毁效果评估机制，定期对数据销毁效果进行抽样认定（BP.18.13）；2）应明确已共享或者已被其他用户使用的数据销毁管控措施（BP.18.14）。b）技术工具：1）组织的数据资产管理系统应能够对数据的销毁需求进行明确的标识，并可通过该系统提醒数据管理者及时发起对数据的销毁（BP.18.15）；2）应通过技术手段避免对数据的误销毁（BP.18.16） 《信息安全技术 大数据安全管理指南》7.4.2.5 数据删除，实施部门应：a）立即删除超出收集阶段明确的数据留存期限的相关数据；对留存期限有明确规定的，按相关规定执行。b）在删除数据可能会影响执法机构调查取证时，采取适当的存储和屏蔽措施。c）依照数据分类分级建立相应的数据销毁机制，明确销毁方式和销毁要求。d）遵守审计原则，建立数据销毁策略和管理制度，明确销毁数据范围和流程，记录数据删除的操作时间、操作人、操作方式、数据内容等相关信息

1.风险点及风险防范要点

销毁阶段风险点及风险防范要点见表2-23。

表2-23　销毁阶段风险点及风险防范要点

项目	风险点	风险防范要点
政府	数据是否存在泄露问题	依照数据分类分级建立数据销毁策略和管理制度 明确不同类存储介质的销毁方法和机制
企业	数据销毁是否遵循合理合法的策略	建立介质销毁处理策略和管理机制 按照国家相关法律和标准销毁存储介质 加强对介质销毁人员监管

数据销毁安全是保障数据安全生命周期的关键一环。在整个数据销毁的过程中，数据完整性和保密性都面临着威胁。为了保障数据在销毁阶段的安全，需要采取一系列的技术手段和措施。例如，残余数据利用、残余介质利用、资源劫持、容器和资源发现等技术手段都会导致数据泄露或被重新利用，从而危及数据的完整性和保密性。因此，相关部门在计算机或设备弃置、转售或捐赠前，必须将其所有数据彻底删除，使数据无法复原，以免造成信息泄露，特别是涉密数据的泄露。

数据销毁的目的有两个：一是合规要求。国家法律法规要求重要数据不被泄露，保障数据的安全性。二是组织自身的业务发展或管理需要。在日常工作中，用户往往采取删除、硬盘格式化、文件粉碎等方法销毁数据。然而，这些方法只是将数据标记为可覆盖状态，并未真正从存储介质中彻底删除数据内容。因此，只有建立针对数据内容的清除、净化机制，才能真正实现对数据的有效销毁，防止对存储介质中的数据内容进行恶意恢复而导致数据泄露风险。

在数据销毁过程中，相关部门需要根据数据的敏感程度和重要性采取不同的销毁方式。例如，对于普通数据，可以采用物理销毁的方式，如使用磁盘碎裂机等。而对于涉密数据，则需要采用更加严格的销毁方式，如物理销毁、加密销毁等多种方式的组合使用。此外，在数据销毁的过程中，相关部门还需要对数据进行全面的审计和监控，确保数据的销毁过程符合规定，并保留相关的数据销毁记录和日志，以备后续审计和追责。

对于政府及事业单位来说，在数据销毁阶段需要更加严格地进行管理和监督，以确保数据安全的完整性和保密性。在数据分类分级的基础上，需要建立完善的数据销毁策略和管理制度，包括场景、对象、方式和要求等方面的规定。此外，还需要建立规范的数据销毁流程和审批机制，以确保数据销毁的操作符合规范，并对审批和销毁过程进行记录和控制，以方便后续的跟踪和监管。对于销毁个人信息、重要数据等敏感信息，需要依据国家相关法律和标准进行销毁，确保数据的完全消除。

要做好数据销毁工作，首先，需要确保数据销毁的全程安全，尤其是在销毁涉密数据时更要严格遵守相关法律法规和标准。其次，需要确保数据销毁的彻底性，即所有数据必须被完全删除，且不可恢复。在进行数据销毁时，可以采用多种方式，如数据清除、数据销毁、数据磁化和物理销毁等方法，具体方法需要根据不同的销毁对象和要求而定。最后，在数据销毁过程中，需要注重对销毁操作的监督和控制，以确保操作符合规范，并对审批和销毁过程进行记录和控制，以便后续的跟踪和监管。只有通过严格的数据销毁管理和监督，才能确保数据安全的完整性和保密性，进一步保障国家和个人的信息安全。

在数据销毁阶段，互联网企业需要建立完善的介质销毁处理策略和管理制度，以确保数据销毁过程的可靠性和安全性。

首先，互联网企业需要根据其所处理数据的重要性和敏感性，明确销毁对象和销毁流程。例如，对于存储着用户个人信息和支付信息等重要数据的介质，企业应采取更加严格的销毁措施，如物理销毁等，以确保敏感数据不被泄露。

其次，针对不同种类的存储介质，如磁介质、光介质和半导体介质等，互联网企业需要制定相应的销毁方法和机制。例如，对于磁介质的销毁，企业可以采用磁场消磁或磁介质物理破坏等方式进行销毁，而对于光介质和半导体介质，则可以采用化学腐蚀或高温烧毁等方式进行销毁。

再次，互联网企业需要建立对介质销毁的监控机制，以确保销毁介质的登记、审批和交接等环节的可控性。同时，互联网企业需要对介质销毁人员进行管理和监管，确保销毁过程的安全性和可靠性。

最后，与政府及事业单位一样，互联网企业也需要遵守国家相关法律和标准，在数据销毁时加强对存储介质的销毁，特别是对于存储着敏感信息的介质，如个人信息、商业机密等，更需要严格按照法律法规进行销毁处理。只有通过建立完善的数据销毁机制和规范的操作流程，才能有效防止数据泄露和隐私泄露等风险，保障用户和企业的数据安全。

2.监管要点和监管方法

销毁阶段监管要点和监管方法见表2-24。

表2-24 销毁阶段监管要点和监管方法

	监管要点	监管方法
政府	合规性	有效、及时地进行公证、审计等第三方服务跟进 严格销毁工具的审核、流程及实施人员的处理规则 监管销毁完的审计与报备
企业	合规性	借助评测机构进行单独评测 建立对销毁的监控机制

随着互联网和信息化技术的快速发展，数据安全问题日益受到重视。数据销毁在数据安全管理中的地位也变得越来越重要。近年来，随着《工业和信息化领域数据安全管理办法（试行）》的颁布实施，数据销毁被首次明确提出，成为数据安全管理的重要环节。数据销毁作为数据安全生命周期的最后一环，对于确保数据完整性、保密性和可用性具有不可替代的重要意义。

在实际业务开展过程中，数据销毁往往被忽视。因此，对于政府、事业单位和互联网企业而言，建立数据销毁策略和管理制度十分必要，需要根据数据的分类和分级，明确数据销毁的场景、销毁对象、销毁方式和销毁要求，以确保数据的安全性。同时，需要建立规范的数据销毁流程和审批机制，设置销毁相关监督角色，监督操作过程，并对审批和销毁过程进行记录控制，确保数据销毁的合规性和安全性。

在具体实践中，不同种类的存储介质需要采取不同的销毁方法和机制。例如，对于磁介质、光介质和半导体介质等不同类存储介质，需要针对其存储内容的重要性，明确对应的销毁方法和机制，以确保数据完全彻底删除。此外，对于销毁介质的登记、审批、交接等介质销毁过程，需要建立监控机制进行监督，以防止数据泄露和重新利用。

总之，数据销毁不仅仅是法律法规的要求，也是企业自身数据安全管理的必要环节。只有充分重视和加强数据销毁的管理，才能确保企业的数据安全性和可持续发展。

数据安全对于政府及事业单位来说至关重要，而数据销毁则是确保数据安全的必要步骤。一旦数据被废弃，它们就会变得没有用处，但仍然可能会成为潜在的安全隐患。为了降低数据泄露的风险，政府及事业单位需要建立有效的数据销毁制度，并且在具体实践中确保其落实。为了避免虚假销毁等现象的发生，监管机关需要加强对数据销毁活动的监管，例如公证、审计等第三方服务的跟进。

数据销毁是一种物理删除，它会永久性地删除数据而且无法再恢复。因此，在具体实践中，对于销毁工具的审核、销毁流程、实施人员的处理规则要求等方面，需要采取严格的措施。此外，销毁完的审计与报备措施也应得到重视。这些措施有助于确保数据安全，并且防止数据泄露。

持续留存数据也可能产生安全风险。因此，在某些情况下，设置删除数据的条件是一种很好的数据安全保护规范。例如，当数据不再需要时、当数据使用的目的已经达到时，或者当数据的存储周期已到期时，都应该考虑删除这些数据。这些措施有助于确保数据安全，减少数据泄露的风险。

综上所述，政府及事业单位需要建立完善的数据销毁制度，并严格落实销毁工具的审核、销毁流程、实施人员的处理规则要求等方面的措施，以确保数据的安全性。同时，合理设置删除数据的条件也是一种很好的数据安全保护规范，有助于减少数据泄露的风险。

互联网企业在进行数据销毁时需要确立一套适合自身的灵活性较强的管理制度。与政府及事业单位不同，互联网企业的业务和数据特征比较复杂，因此需要根据自身实际情况，针对不同情况进行灵活处理。一种可行的方法是由评测机构对数据进行单独评测，以判断数据是否需要被保留。对于一些安全实力较强的企业来说，他们可能会有很多暂时用不到的数据，但是这些数据在未来可能还会有用，这时候可以选择评测，如果评测结果良好，则可以继续保存；反之，则需要按照规定及时销毁。

为了保证数据销毁的有效性和安全性，互联网企业还需要结合业务和数据重要性，明确数据销毁的场景，并根据数据分类分级确定数据销毁的手段和方法。同时需要基于重要性、合理性、必要性建立数据销毁流程和介质销毁流程，采用多样化的销毁工具，确保各种类型的数据都能被彻底销毁。对于不同种类的存储介质，例如磁介质、光介质和半导体介质等，互联网企业需要制定不同的销毁方法和机制。

此外，为了监控数据销毁的过程，互联网企业需要建立监控机制，对销毁活动进行记录和留存，确保销毁介质的登记、审批、交接等销毁过程能够得到有效监控。在具体实践中，需要审核销毁工具的质量和流程，并制定相应的处理规则和审计报备措施，以确保销毁过程的有效性和安全性。此外，对于持续留存数据而产生安全风险的情况，应当设置删除数据的条件，以确保数据安全保护规范的实现。综上所述，对于互联网企业来说，建立灵活的数据销毁管理制度和监控机制，制定科学的销毁流程和方法，选择合适的销毁工具，都是保障数据安全的重要举措。

2.3 数据分类分级

当前，数据分类分级保护作为我国数据安全的基础制度之一，已有多部法律文件提出明确要求。《网络安全法》首次提出"重要数据"概念，要求"网络运营者应当采取数据分类、重要数据备份和加密等措施"；《数据安全法》明确规定"国家建立数据分类分级保护制度"；《个人信息保护法》区分"个人信息"和"敏感个人信息"，要求"个人信息处理者应对个人信息实行分类管理"。开展数据分类分级保护工作，首先需要对数据进行分类和分级。

根据《数据安全法》《网络数据安全管理条例》《工业和信息化领域数据安全管理办法（试行）》等制度规范，数据的分类分级方法如下。

一是相关规定将数据区分为涉密数据和非涉密数据，数据分类分级对象不包含涉密数据。《数据安全法》规定"开展涉及国家秘密的数据处理活动，适用《中华人民共和国保守国家秘密法》等法律、行政法规的规定"。

二是按照数据所属行业领域确定数据分类。《数据安全法》明确"各地区、各部门应当按照数据分类分级保护制度，确定本地区、本部门以及相关行业、领域的重要数据具体目录，对列入目录的数据进行重点保护"。各行业、各领域主管（监管）部门对本行业、本领域的数据进行分类分级管理，根据本行业、本领域业务属性、地域特点等细化数据分类。

在数据分级上，根据数据在经济社会发展中的重要程度，以及一旦遭到泄露、篡改、破坏或者非法获取、非法利用，对国家安全、公共利益或者个人、组织合法权益造成的危害程度，数据重要性从高到低被分为核心、重要、一般三个级别。影响数据分级的要素，包括数据领域、群体、区域、精度、规模、深度、覆盖度、重要性、安全风险等，根据影响对象和影响程度两个要素给出了数据分级确定参考规则（表2-25）。

表2-25 数据分级确定参考规则

影响对象	影响程度		
	特别严重危害	严重危害	一般危害
国家安全	核心数据	核心数据	重要数据
经济运行	核心数据	重要数据	重要数据
社会稳定	核心数据	重要数据	一般数据
公共利益	核心数据	重要数据	一般数据
组织权益、个人权益	一般数据	一般数据	一般数据

第3章 数据访问权限控制方法研究与设计

本章将简述经典数据访问权限控制方法，并调研近期数据访问控制新发展，最终结合现有方法的优势，设计动静结合的数据访问权限新方法。

3.1 访问权限控制技术的发展

在大数据时代，随着数字化转型，传统的纸质媒介材料正逐渐被电子数据代替。相较于纸质形式的数据，以数字形式记录的数据更易于获取和存储，也能更高效地被计算机处理，因此能够充分发挥现代信息技术优势。

然而，相较于传统数据形式，数字化数据也同样模糊了数据访问的边界，其易于获取、易于修改的特点显著增加了数据管理的难度，使数据更容易遭受意料之外的访问。大数据时代，数据的重要性相对于以往有了相当大的提升，因此，数据安全与隐私保护也变得十分关键。近十几年来，非法越权访问数据的事件频发，数据安全形势严峻。不过，面对非法访问者，数据管理者并非完全没有办法。事实上，已经有一些技术可以对数据进行保护，而访问控制技术正是解决数据非法越权访问问题的一项重要手段。

访问控制技术是计算机系统对用户访问资源或者服务的行为进行控制的技术，因此不局限于数据的访问权限。经典的访问控制技术大多是对文件资源和网络服务的控制，粒度一般为文件系统节点或网络地址和端口。而要解决数据非法越权访问的问题，数据访问控制技术需要对数据进行更加精细的控制。于是，在经典的访问控制技术的基础上，国内外的研究者又研发出了针对数据的访问控制技术。

3.2 经典数据访问权限控制

经典的访问控制技术分为两大类：强制访问控制（mandatory access control，MAC）与自主访问控制（discretionary access control，DAC）。其中自主访问控制是最常见的技术手段，主流操作系统（Linux，Windows，Macintosh）及其支持的文件系统都支持基于文件权限分配列表（access control list，ACL）的访问控制。

这是一种分散的权限管理机制，资源所有者可以授权其他主体访问此资源。强制访问控制在服务器操作系统中更为常见，是一种集中式的权限管理，所有权限分配都必须经过最高权限拥有者，Ubuntu的AppArmor和RHEL的SELinux都实现了强制访问控制，用以限制特权用户对某些资源的访问。因为数据必定持久化存储在文件中，所以这两种访问权限控制技术都可以用于粗粒度的数据访问权限控制。

针对数据访问权限管理场景下的更细粒度权限管理需求，一些专用于数据访问权限控制的技术得到研发，例如基于角色的权限控制（role based access control，RBAC）、基于属性的权限控制（attribute based access control，ABAC）、基于规则集的权限控制（rule set-based access control，RSBAC）。其中基于角色的权限控制技术已经得到最广泛的应用，云平台和大数据平台普遍支持这项技术。基于属性的权限控制技术试图解决基于角色的权限控制技术难以动态适应角色变化的问题，并且已经在一些大数据平台上得到应用。基于规则集的权限控制技术类似于网络防火墙的设置，通常与其他技术共同使用，填补其他技术在某些特定情形下的空白。

基于角色的权限控制模型是20世纪90年代研究出来的，模型通过定义角色的权限，并对用户授予某个角色从而控制用户的权限，实现了用户和权限的逻辑分离。RBAC在很多时候是有作用的，比如系统是面向销售公司或者学校这种组织架构很严整的地方，但是在复杂场景下，RBAC渐渐就不够用了，随着组织成长，团队扩张，访问需求发生变化，团队会通过定义越来越细粒度的角色、在出现新需求时创建临时角色、将太多的角色分配给单个用户回避上述问题，虽然这可能会在短期内缓解摩擦，但它会产生很多虚无的角色，而且在管理和控制上更加困难。

基于任务的访问控制（task-based access control，TBAC）与传统的访问控制模型不同，它从应用中任务的角度解决安全问题，可以在任务处理的过程中提供动态实时的安全管理。TBAC是一种上下文相关的访问控制模型，对象的访问权限并不是静止不变的，而是随着执行任务的上下文环境发生变化。TBAC的访问控制上下文相关特性使它能够对不同的任务实例实施不同的访问决策，访问决策依赖于运行中的环境信息，从而能实现动态的访问控制。它从"面向任务"的角度处理安全问题，这与业务场景的处理问题角度一致。TBAC最大的缺陷在于它不适合规模较大的流程性应用。在复杂度较高的业务场景中，访问控制将不可避免地牵涉到许多任务以及用户的权限分配问题，而TBAC只是简单地引入受托人集合表示任务的执行者，没有论及怎样在一个业务场景中确定这样的受托人集。这样的系统虽然可以运作起来，也达到了基于任务授权、提高安全性的目的，但是这种情况就像RBAC出现之前应用两层访问控制结构（这种模型直接指定主体对客体访问操作）的情况一样，都能运行，却存在配置过于烦琐的缺点。

为了匹配更复杂的业务场景，需要进行更精细的访问控制，同时，新的模型需要易于理解和实现，也利于控制与运维，这就是基于属性的访问控制（以下简称为ABAC）想要解决的问题。ABAC与RBAC显著不同之处在于其对请求者、被请求资源通过属性描述，而一些限制条件同样使用环境属性描述，这就是说在ABAC中所有实体的描述都统一采用同一种方式——属性——进行描述，不同的是不同实体的属性权重可能不同，这使访问控制判定功能在判定时，对访问控制判定依据能够采取统一处理。实现ABAC的核心机制是在请求发起后，主体、客体与环境条件作为输入，获取规则并进行计算，最后确定是否有权进行请求。这使ABAC具有足够的灵活性和可扩展性，同时使安全的匿名访问成为可能，这在大型分布式环境下十分重要。但是ABAC也存在局限性：使用属性权重后权限的分配是一个高度自动的动态过程，比较难以直观了解谁可以做什么；由于属性分配的非直观性，很难预见规则变化对整个策略的影响，因此进行长期维护是一个困难的工作；缺乏角色所具有的业务建模能力（角色内可以包含某个业务功能的所有权限），所以仅使用属性的应用将受到极大制约。因此，仅仅使用属性进行访问控制权限管理的方法是不可行的。基于属性授权的非直观性、动态性，维护中较高的技术要求等，对于企业间的授权管理来说，使用纯粹的基于属性访问控制往往也是不可行的，因此，结合属性和角色的方法是更为理想的选择。经典访问控制技术的对比分析如表3-1所示。

表3-1 经典访问控制技术的对比分析

项目	基于角色的访问控制	基于属性的访问控制	基于任务的访问控制
核心思想	是在用户集和权限集之间建立一层角色集，对每种角色设定一组对应的访问权限，在对用户进行授权时只需建立起用户到角色的映射，这样用户直接拥有该角色的全部权限	基于实体的属性来判断是否允许用户对资源的访问，其中访问控制策略可以根据属性值以及属性之间的关系灵活制定	从工作流的角度出发，通过将业务划分为多个任务，然后依据任务和任务状态对权限进行动态管理
优点	简化了用户的权限管理，减少了系统的操作开销	克服了角色身份的限制，能够通过属性对访问权限进行描述，具备实现最小授权原则的条件	访问权限与任务相绑定，任务执行完则权限被消耗，所以主体对客体的访问具有时间窗口，提升了安全性
缺点	大数据应用中的访问权限难以细化到各个角色上，过度授权和授权不足的现象难以避免	（1）访问策略由用户自定义制定，策略的执行依然依托第三方背书的权威机构，其执行结果往往用户无法跟踪，个人数据泄露难以察觉；（2）用户制定的策略存储在服务器上，也有受到黑客篡改的可能，致使数据泄露。（多与区块链技术结合）	仅关注工作流，没有设计对主体和客体的约束，不符合实际的应用情况，因此它往往作为补充机制与其他的访问控制模型结合使用
适用场景	企业级的数据安全管控	适用于复杂场景	解决分布式环境下多机构参与的信息管控需求

经典的访问控制技术通常在操作系统和文件系统层面实现，它们不理解数据库的格式与构造，因此无论是强制访问控制还是自主访问控制，都只能以数据库为粒度进行控制，而不能直接以数据行或字段为粒度进行控制。若要使用强制访问控制或自主访问控制实现数据粒度的访问权限控制，则势必要将原本处于同一个数据库中的数据按照权限拆分到多个不同的数据库中，这种做法完全违背了使用数据库高效存取数据的本意，大幅牺牲性能以换取数据安全性的微幅提升，是非常不明智的做法。

为数据访问权限管理场景专门设计的访问控制技术虽然可以实现细粒度的访问权限控制，但是仍然具有难以管理的问题。基于角色的访问控制技术在访问数据的主体和被访问的数据之间插入了名为角色的抽象层，也称组。每个角色都具备某些数据的特定访问权限，每个主体都可以归属于若干组。若主体所归属的任何一个组拥有特定数据的特定访问权限，则此主体可以以此权限访问此数据。角色或组这一抽象概念原本可以使数据访问权限的管理操作大幅简化，但在实际操作过程中，这一抽象也可能使权限控制策略列表变得晦涩难懂。主体所归属的组时常发生变化，若主体新加入了一个组，则主体理应获得这个组数据访问权限，然而这一授权过程并非自动完成，而是需要额外添加一条策略来授予主体这个组的访问权限，同时又不能影响主体在其他组里的权限。这就对策略的添加位置有很高的要求，若策略添加位置不合适，则主体对数据的访问将匹配到错误的策略，从而导致权限错误，影响一般用户的体验。因此，在经过几次权限变动之后，策略列表将变得复杂、晦涩且冗余，这些冗余的策略很可能暗藏漏洞，成为恶意用户和外部入侵者进行非法数据访问的途径。维护这样的策略列表对管理员而言也是相当困难的任务。基于规则集的访问控制技术在原理上类似于防火墙规则，繁复的规则列表同样无法减轻管理员的负担。基于属性的访问控制技术可以动态地根据数据和主体的属性计算出权限，从而适应变化，是最接近需求的技术，然而基于属性的访问控制技术需要对主体和数据添加标签，若要实现细粒度的管理，则需要的标签和策略数量都会增多，对计算资源和存储资源的消耗较大，这在数据库高负载的情况下难以接受。

鉴于上述所有的访问控制技术都不能满足数据访问权限控制的需求，本研究对数据访问权限控制技术的研究具有重要的意义，研究成果将解决数据访问权限控制中的粒度不够精细、管理工作量大、不能动态适应变化问题。鉴于已有的基于属性的访问控制技术已经能满足一些需求，在此基础上进行改进也使本研究具有可行性。

3.3 数据访问权限控制方法新进展

数据访问权限控制的通常需求是以数据行或字段为基本单元进行权限管理，同时根据数据变化随时调整权限分配。然而，目前已有的访问控制技术并不能满足细粒度、动态性、易于管理的需求。因此，新的数据访问权限控制方法层出不穷（见表3-2）。

表3-2　数据访问权限控制方法新进展

方法	方法内容
风险评分	基于风险评分的访问控制方法，对经过身份验证的用户与想要访问的资源之间的路径进行风险评分
深度学习	基于深度学习的访问控制方法，访问控制规则可以通过自动挖掘技术完成，将访问规则作为输入，并生成近似的规则
针对高并发细粒度	将访问控制流程层层划分，分层结构根据实际情况选择应用，是一种面向高并发细粒度场景的分层软件设计方法

用于访问控制的路径感知风险评分是一种新颖的上下文敏感技术，这种技术对经过身份验证的用户与用户想要访问的资源之间经过的路径进行风险评分，以分析访问请求。这种路径感知风险评分为传统访问控制系统提供了另一层安全保障，可以在零信任架构中满足细粒度监视和执行的需求。对于不同的领域，如不同的系统、云计算、内外网络的交互、来自内部网络的威胁等，确保网络安全的一个常见概念是在隔离网络内外的边界提供安全服务。用户和设备在网络内部是可信的，而在网络外部几乎没有信任或根本没有信任。传统的安全方法存在某些缺陷，比如，无法识别受信任和不受信任的接口，恶意内部人员通常处于信任位置，信任并不适用于数据包等。为了克服上述缺陷，提出了零信任这个概念，即不信任网络内部或外部的任何人，在零信任概念中，边界内外的所有用户、设备和应用程序都将以相同的方式对待。基本的研究方法为，从用户的访问代理获取请求后，对从设备目录、用户数据库和应用矩阵中收集的信息进行比较和验证，动态计算请求的得分，并根据得分确定是否允许访问。

虽然经典访问控制方法领域已经取得了巨大的进展，但有一个基本问题四十多年来一直没有改变。熟练的安全管理员需要参与设计和管理访问，因为只有人类才能在更广泛的组织中开发关于个人需求的详细策略见解。这会导致各种类型的错误和低效率，比如，仍然有许多拥有访问权限的用户不应该拥有这些访问权限（为了减轻管理负担而过度配置），还有许多缺乏访问权限的用户确实应该拥有这些访问权限（为了加强安全性而配置不足）。管理员巧妙地进行平衡，以最大限度地提高安全性和最小化成本。这种复杂性会随着基于云的应用程序的激增而进一步加剧。然而，利用深度学习技术进步的自动化动态访问控制机制可以补充或潜在地取代人工管理员。在设置访问控制相关属性后，管理员需要设计访问控制规则。这可以通过类似于上述属性工程的手动工程过程完成，也可以通过自动挖掘技术完成，该技术将访问规则的基本形式作为输入，并生成近似的规则。

因为复杂软件通常面临高并发和复杂的权限控制场景，访问控制模块在开发过程中存在代码重用率低、功能模块结构混乱等问题，所以为此类场景提供软件设计方法论有助于提高软件生产率和软件质量。针对高并发细粒度权限控制场景下复杂软件的开发，有一种层次软件设计方法，它根据访问控制过程的特点划分了层次结构，为权限的细粒度控制和多层次控制提供了支持。该软件在高并发场景下，增加缓存管理层，提高访问控制过程的效率，并且根据软件开发的实际需要，对软件设计方法论中的具体层次进行了划分，通过对访问控制过程中的用户状态检测、用户状态验证和权限认证进行解耦，保证了该软件设计方法在不同框架环境下的支持，降低了框架之间高耦合带来的安全风险。这种面向高并发细粒度访问控制场景的分层软件设计方法，解决了传统访问控制高耦合、使用效率低、开发难度大的问题。其主要特点是将访问控制流程划分为资源类型判断层、用户状态检测层、用户状态验证层、用户权限管理层和系统业务逻辑层。主要通过请求分析、请求分发、身份认证、权限认证、缓存管理等方法实现。

3.4　动静结合的数据访问权限控制方法设计

针对数据访问权限控制现有技术中的权限管理工作量大问题，本研究需要对典型数据访问权限控制应用场景进行相似性分析，寻找权限管理操作的共性特点，提取共通的流程，并研究将共通流程表示为数据访问控制模型的方法。

针对数据访问权限控制现有技术中的权限管理粒度不够精细问题，本研究需要借鉴已有的解决思路，在设计数据访问控制模型时考虑数据本身的特点，充分运用数据行、数据字段等数据特有的属性进行权限管理。同时需要对具体的数据访问权限控制应用场景进行独特性分析，研究不同业务的权限管理粒度，寻找具有普适性的最小权限分配单元，并设计适用于多种具体业务场景的最小权限分配单元聚合方式。

针对数据访问权限控制现有技术中的不能动态适应变化问题，本研究需要参考现有的基于属性的访问控制技术或其他能动态适应变化的访问控制技术，研究其动态适应变化的原理，分析其优缺点，并选择最符合需求的动态适应变化的实现方式。

RBAC根据场景的政策，由系统管理员手动给用户分配合适的角色或角色集合，其中，每个角色都对应了由一组相关联的权限所组成的集合，从而使用户具有相应的操作权限，但是现在越来越多的企业通过网络为用户提供相应的服务，例如企业或机构、门户网站、高校和科研院所等，这些系统的用户数量可能很大，如果手动给各个用户分配角色，那么工作量将变得相当大，而且在一个企业级的应用系统中，由于业务的复杂性，大部分用户可能具备多个职能，所以大多数用户拥有不止一个角色，而是一个角色集合，同时，手动分配也可能由管理员的人为因素导致访问权限的错误分配。因此，本研究的解决方案是设计动静结合的权限控制，并按照数据敏感程度区分处理数据，对于低等级的数据采用静态处理方法，对于高等级数据根据属性动态赋予权重，从而减轻管理员的负担，提高系统安全性。由此，本研究给出了这种动静结合的权限控制来实现企业权限分配的方法。

在本研究的方法中，维护该角色分配信息是通过体现数据敏感程度和用户所拥有的属性信息共同作用的结果，当数据等级较低时，系统以传统的访问控制模型进行静态处理，而当数据等级较高时，系统根据属性动态赋予权重，提高了系统权限授予的安全性，减轻了系统用户权限管理员的操作负担，同时避免了权限管理员人为操作而造成错误的可能性。

3.5 总结与分析

访问控制技术是系统对用户访问资源或者服务的行为进行控制的技术。访问控制技术是解决数据非法越权访问问题的一项重要手段。经典的访问控制技术在数据库中创建静态角色、属性或视图，并将其授权给用户限制其对数据资源的访问。然而，随着数据的数字化，数据易于获取、易于修改的特点显著增加了数据管理的难度，当用户数量很大而且权限经常变动时，需要对大量的静态角色、属性、视图进行管理和维护，给管理员带来不必要的负担。为了解决已有的访问控制技术存在的问题，深度学习等技术被引入到访问控制技术中，并出现了基于动态评分的数据访问权限控制方法。虽然这种动态控制方法可以实现对数据进行细粒度动态性、易管理的控制，但这需要耗费更多的计算资源和成本。因此，本研究提出了动静结合的数据访问权限控制方法，该方法通过用户属性和数据敏感度决定数据访问规则，在避免大幅提升计算成本的前提下，实现动态灵活的访问控制。

第4章 数据审计方法研究与设计

本章将简述数据审计方法的发展历程，总结目前数据审计面临的挑战，并调研现有数据审计关键技术，最终结合现有方法的优势，设计数据审计新方法。

4.1 数据审计方法的发展历程

4.1.1 数据审计的工作内容

数据审计的核心是对于数据和数据使用情况的记录与分析，及时发现异常的数据与数据使用情况，从而产生制止或弥补异常活动带来的损失的作用。但随着互联网技术高速发展，传统审计方法的局限性日益凸显，大数据背景下对审计方式方法的创新已经成为不可阻挡的潮流。这主要体现在当今时代愈加复杂的大规模分布式系统上。传统上，开发人员（或操作者）经常用关键字搜索和规则匹配手动检查日志。然而，现代系统的规模和复杂性不断增加，导致日志暴增，这使人工检测变得不可行。

具体来说，现代系统正向通过构建数千台机器的大规模分布式系统发展。这些核心部分不仅具有多种在线服务和应用，大多数更是设计为全天候运行、为广大在线用户提供服务，因此，高可用性和可靠性成为必要条件。这些系统中的任何事件，包括服务中断和服务质量下降，都会导致应用程序崩溃，并导致巨大的损失。异常检测旨在及时发现异常系统行为，在大规模系统的事件管理中发挥着重要作用。及时的异常检测允许系统开发人员（或操作员）及时发现问题并立即解决，从而减少系统停机时间。系统通常会生成日志，记录系统运行期间的详细运行时信息。这种广泛可用的日志被用作系统异常检测的主要数据源。基于日志异常检测的数据审计已经成为学术界和工业界具有实际重要性的研究课题。对于传统的独立系统，开发人员根据他们的领域知识手动检查系统日志或编写规则来检测异常，并额外使用关键字搜索（例如，"失败""异常"）或正则表达式匹配。然而，这种严重依赖人工检查的日志异常检测对于大规模系统来说已经不充分。

4.1.2 数据审计的发展趋势

审计工作需要从纷繁芜杂的结构与非结构化数据中发现风险点进而找出重大错报。随着人工智能（AI）、大数据等技术的飞速发展，这一过程正在进行一场深刻的变革，并且呈现出与以往任何形式的审计变革都不一样的特点。具体而言，近期审计工作可能会呈现出如下五大趋势。

1.审计智能化

技术的进步让审计工作从人工模式逐渐向智能化模式进行转变，以下结合几项具体的技术来阐述审计智能化趋势。

机器学习：简单来说，机器学习就是要让电脑像人一样学习知识，然后利用学到的知识解决问题。机器学习可以灵活地选择函数形式进行数据拟合，使其预测能力强于传统计量算法。由于其具有传统计量方法不具备的优势，机器学习技术在审计中具有广阔的应用前景。

自然语言处理：自然语言处理的核心理念是让计算机学习并处理人类语言。在审计工作中，它可以帮助自动分析海量文本，并提炼出大量有价值的信息，这恰恰是人工审计的薄弱环节。通过利用现有的自然语言技术，已经可以帮助提升审计的智能化水平了。

社会网络分析：社会网络分析的核心思想是利用图论等技术研究社会网络关系，即将研究的视角从"点"拓展为"网络"，从而发现更多隐藏在数据背后的信息。这种科学的方法不仅能够帮助审计人员在纷繁芜杂的数据中发现隐藏的信息，还能通过可视化技术直观地展示数据之间的关系，从海量的数据中发现异常、找到进一步审计的线索。

2.审计平台化

随着技术的进步，审计工作的组织形式将由现在的分部门"单打独斗"模式转变为以平台为中心的模式。传统的审计组织是一种垂直结构，团队之间是割裂的，每个团队独自完成从业务承接到出具审计报告的全过程。

新型的审计组织形式居于中心环节的是数据处理中心，它将现场小组、协调小组、质控小组、技术支持小组等业务小组连接起来。数据处理中心是一个专业化中心，能够24小时不间断地收集与分析各方面数据、优化各种模型。各业务小组可以随时向中心输入数据，提出数据处理要求，中心实时分析，实时输出结果。在这种模式下，各业务小组也变成了专业中心，能够在各自最擅长的领域将工作做到极致。

3.审计信息多维化

在大数据审计模式下，审计信息将是多维的大数据。传统审计模式下，审计人员用于分析的数据以结构化数据为主，而且只是可用的结构化数据里很小的一部分。既然要将审计风险尽量降低，那么就不应该只局限于分析有限的信息，只要是有用的信息，都应该纳入数据池，包括内部信息与外部信息、结构化信息与非结构化信息等。在大数据审计模式下，通过引入大数据技术，能够突破传统审计模式下面临的各种限制，对这些大数据进行整理和分析。其中，大数据审计中用到的信息除了传统的结构化数据之外，还可以包括文本信息、音频信息、视频与图像信息等多维度信息，从而达到全方位分析数据的效果。

4.2 数据审计的新技术

4.2.1 基于数据采集与集成的审计

大数据环境下，要想完成优质信息处理，需综合考量多项因素。除了采用文件复制和有效的专用模板外，还需要凭借数据采集方法，优化整个数据管理工作。现阶段，网络数据采集法等众多方法的应用，需要结合实际情况，发挥Chukwa等方法优势，提高数据采集品质，同时，要注意系统内日志数据的存储、收集和处理。在先进方法的保障下，审计数据采集过程将持续优化：一方面，提高智能化水平，提升电子数据审计品质与效率；另一方面，要通过结合采集到的数据信息和日志信息，持续输出优化后的审计结果，从而确保审计工作的高效和安全。

4.2.2 基于数据处理的审计

结合现实可知，实施信息采集将会产生重复信息，影响审计质量，因此，在应用这些数据时，需要借助预处理技术，夯实信息数据分析与应用的基础。在信息数据采集和真正分析之前，为了保证效果，需对不同来源的信息（审计数据）

有效整合，借助预处理，去除重复冗杂的无实质内容的信息，然后加以优化，对这些结构化的电子数据综合评估，为后续使用奠定基础。而系统内的日志信息数量庞大，且往往记录了该系统内所需的重要内容，因而可以通过对日志数据自动化、智能化的处理发现系统中的异常。

4.2.3 基于存储数据的审计

除了上述措施外，还需要注重审计数据的存储，借助可行的存储方法，提高数据应用质量。大数据环境下，数据存储更加复杂，主要是审计数据呈现出极强的不规律性，规模庞大且复杂，所以落实好电子审计数据后续优质管理和持续储存至关重要，这也是电子数据审计可持续发展首先需要考虑的问题。通过审计定期存储的日志数据，能够获得系统在过去一段时间内的操作信息，能够有效地在异常发生之后，通过回溯发现异常发生的原因，从而避免未来异常的发生。在实际工作中，要想实现优质存储，提高审计品质，就要依托云计算平台及一系列软件，如Hadoop、分布式文件等，在这些先进理念支撑下，优化数据存储结构，改变数据存储性质，不断优化存储设备。只有这样，才能实现放心存储，提供海量数据支撑，为审计部门合理化发展提供便捷的服务。

4.2.4 基于数字水印的审计

数字水印技术被用于数据审计中。数字水印可以在各种原始数据（包括视频、音频、文本、三维数字产品等）中，通过一些特殊手段，嵌入某些具有确定性和保密性的相关信息，例如，表示版权信息的标志、某些具有特殊意义的序列号、特定文字或其他相关信息。通过这种方式嵌入的相关信息很难被用户察觉，并且能够承受一定的攻击。

一个完整的数字水印系统一般包含水印嵌入和水印提取与检测两个模块。在原始水印嵌入之前，一般采取加密的方式以进一步加强水印安全。因此在数字水印技术中一般需要数据加密技术作为补充。

1. 数字水印的评价标准

一般需要从以下层面评判一种数字水印技术：鲁棒性、不可见性、容量、安全性、误检率。

鲁棒性。一方面，数据在传输的过程中不可避免地会受到各种信号的干扰；另一方面，现在已经有很多针对数字水印的攻击方式，例如，消除性攻击、几何攻击和IBM攻击，因此，数字水印在面对各种恶意攻击时，仍然需要尽量满足提取检测的条件。这就需要水印不能因为对载体数据进行简单改动或者标准化的图像处理就轻易损坏。鲁棒性一般由归一化相关系数（normalized correlation，NC）表示。

不可见性。在没有特殊要求的情况下，数字水印算法不可以影响载体数据的有效性，至少是人眼不可见的。对于透明性更高的要求，则是嵌入水印信息之后的载体和原始数据的某些特性一致，其数据分布是不可感知的，以至于非法拦截者也无法判断其中是否有水印信息存在。不可见性一般由峰值信噪比（peak signal-to-noise ratio，PSNR）表示。

容量。容量是能够嵌入原始数据中的有效水印的数量。水印容量通常是平衡透明性和鲁棒性的关键因素。一个可以嵌入更大容量水印的算法，其透明性和鲁棒性可能会较差，因而需要在保证透明性和鲁棒性的同时，尽可能加大水印的嵌入量。

安全性。与鲁棒性相比，安全性更关注数字水印的密钥。在安全的水印技术里，即使使用相同的水印嵌入算法，也可以根据不同的密钥使伪造者伪造的水印无法提取。使用更复杂、高效的数字水印嵌入算法，在一定程度上可以增加数字水印的安全性。

误检率。误检率是指在使用正确的水印提取算法执行水印的提取过程时，有可能从没有水印的载体中提取出正确的水印信息，或者从有水印的载体数据中提取不到正确的水印信息。

2.典型的数字水印算法

空间域算法。空间域算法一般是通过直接修改原始图像的像素值达到嵌入水印的目的。这种算法操作简单，具有一定的鲁棒性，但透明性较差。空间域算法最典型的是最低有效位算法（least significant bit，LSB），其原理是通过修改原始数据中的最低有效位实现水印的嵌入。这种嵌入方式有一定的鲁棒性，且在不考虑失真的情况下，可以嵌入的水印容量原始图像的大小不变。但承受图像处理攻击的鲁棒性较差。

变换域算法。变换域算法一般通过修改图像的其他属性嵌入水印。变换域水印的第一个算法是Cox提出的将数字水印嵌入原始图像的离散余弦变换（discrete cosine transform，DCT）域中。这种算法思想简单，具有一定的鲁棒性，现在的改进算法有离散傅里叶变换（discrete fourier transform，DFT）、离散小波变换（discrete wavelet transform，DWT）等，即分别将数字水印嵌入原始图像的DFT域及DWT域中。

优化类水印算法。这些算法虽然不能直接嵌入水印，但在嵌入水印之后可利用这类算法优化含有水印的图像，以达到鲁棒性和不可见性更好的平衡。例如，粒子群优化算法、差分进化算法等。

4.3 数据审计方法设计

随着互联网的迅速发展，互联网业务越来越多。相应地，针对每项业务的访问请求也越来越多。由于可能会存在对业务的恶意访问，从而造成业务异常，为了防止业务受到恶意访问，通常需要对访问请求对应的访问数据进行审计。

相关技术在审计数据时，采用的方法为：通过数据变更捕获方式对访问数据进行初步审计，形成相应的审计数据表，由相关审计人员对审计数据表中的数据进行审计，从而确定异常业务及异常用户。而在这些技术中，数据的审计过程需要由人工完成，当面对海量的互联网业务请求时，若采用相关技术对数据进行审计，会耗费较多的时间与资源，从而导致数据的审计效率较低。为了降低人工参与程度，解决现有技术审计效率低下的问题，本研究提出了一种动静结合的数据审计方法。具体而言，收集多个访问请求对应的访问数据，其中，至少包括访问请求的发起用户及访问请求对应的业务标识；根据所述访问数据，统计每个发起用户对每种业务的业务访问次数；根据所述每个发起用户对每种业务的业务访问次数，确定异常业务及异常用户。这种数据审计方法的优势比较明显。由于数据审计的过程是基于服务器自动收集的访问数据，基于深度学习模型自动化地分析出异常业务及异常用户，从而不需要较多的人工操作，耗费的时间与资源较少，因此，数据的审计效率较高。

具体来说，数据审计需要基于日志进行自动化分析，达到异常检测的目的。因此，对应用安全来说，告警日志是安全人员每天必看的日志。安全团队会将所有安全产品的日志汇聚到一个平台，从而诞生了安全日志平台。这样我们将数据安全的日志汇聚并加以分析就能够让安全人员关注数据方面每天的威胁或者风险。

首先，由于数据审计的主要任务是通过对敏感数据接口日志的访问情况进行分析，发现数据泄露等安全事件，或识别潜在数据安全风险，并留存证据。因此，对于数据审计的初步操作基本要求如下：能自动配置规则；能根据规则匹配敏感字段；需要看到告警；能够溯源；能够设置白名单；能够进行访问量统计。

其次，敏感接口日志进入安全审计平台的流程，主要可以通过两种方式。第一种方式是业务接口日志经由机构的基础服务日志平台到达安全审计平台。另一种方式是由业务接口日志经由服务器本地某目录再通过系统日志同步到安全审计平台。通过这样两种方式，审计人员就可以在汇聚的安全审计平台统一进行敏感业务接口的审计。审计平台的具体功能如下。

第一，敏感数据定义。数据审计自然离不开对于重要数据的关注。比如，个人的敏感信息，如身份证号、手机号、企业或机构卡号等。对于这些信息我们可以采用正则表达式的方法进行关键字匹配。而业务数据需根据业务需求进行指纹提取。

第二，通用日志审计规则。由于不同机构、不同业务场景的具体情况不尽相同，安全规则需要根据泄露情况进行调整，这是需要投入大量运营工作，不断场景化、细化的过程。因此，这个部分仅举一些通用规则。频次纬度：最常见的情况就是频次过大，较大频次是泄露批量数据的一种常见现象，适用于捕捉突发的非计划的安全事件。时间纬度：非工作时间，或非业务时间的大量访问，针对员工或者第三方常用策略。数据量纬度：往往会发现一些对数据控制不严的接口。时间窗口：基于统计和平均值的告警，发现突发的异常行为的常用规则。

第三，日志画像和决策分析。日志画像和决策分析，应用于深度学习算法，构建分析模型对每个系统和账号进行风险评估，模型的结果再加上专家与业务方经验，一同判断和决策系统风险。每个系统的访问情况，可以确定系统的活跃程度，账号数据能够帮助评估系统权限是否过大。每个账号的访问情况，过于活跃的账号，通常其风险会比较大，还应关注权限过大的账号；账号列表需要关注的相关信息：部门，账号名，姓名，项目组，当月访问总次数，当月访问总数据量，以及账号访问系统列表的相关信息，包括系统名称，统一资源定位符（uniform resource locator，URL），业务线，当月访问次数，当月访问数据量。

第四，日志异常发现。由于日志格式和内容都是安全部门和业务共同定义的，在日志中会有一些错误，这个有助于安全推进业务方完善日志质量。出现异常日志告警后：异常日志打标后，存储异常日志库，分析异常原因，安全告警应排除这类日志。

4.4 总结与分析

数据审计通过对数据和数据使用情况的记录与分析，检测和发现具有异常的数据与数据使用情况，从而制止或弥补异常活动所带来的损失。现阶段，大部分审计人员还习惯于使用传统审计技术方法开展审计工作。在大数据背景下，这种传统的静态审计方法审计效率严重低下。为此，数据审计逐渐向智能化、平台化、多维化、详细审计、可视化方向发展。本研究提出了动静结合的数据审计方法，该方法一方面基于静态的审计规则筛查潜在高风险数据；另一方面深度学习算法可以基于动态异常得分自动化识别出异常数据。本研究的方法既可以利用深度学习方法提升审计效率，又可以使用计算简单的静态规则节省计算资源，在促进数据管理与维护数据安全方面发挥重要作用。

第5章　数据预处理方法研究与设计

本章重点调研数据脱敏、数据加密、数据清洗、数据识别、数据标记、隐私计算等六种数据预处理关键技术，并结合现有方法优势，设计实现了基于并行共享的数据清洗方法、强泛化的联邦数据处理方法和基于可解释性的数据预处理方法，且完成了初步的实验验证。

5.1 数据预处理技术调研

为防止敏感数据的泄露，保障信息安全和个人隐私，采集到数据之后的数据预处理技术受到社会各界的广泛关注。目前广泛采用的保障信息安全的数据预处理技术有数据脱敏、数据加密和数据清洗等。而这些技术随着社会的发展也在不断演变着。近些年来，数据预处理技术经历了从静态数据预处理延伸到动态数据预处理的变化，覆盖面从非生产系统到生产系统。非结构化数据、文本文档、图片及特征识别信息将成为未来数据预处理技术的重要研究对象。目前广泛被采用的用于保障信息安全的数据预处理技术有数据脱敏、数据加密、数据清洗、数据识别、数据标记、数据防泄露、数据接口安全等，课题将对以上七种数据预处理技术进行研究和探讨。

5.1.1 数据脱敏

作为数据安全中重要的一环，数据脱敏也逐渐被人们关注。数据脱敏技术是指在不影响数据结果准确性的前提下，通过数据变形等方式对于敏感数据进行处理，从而降低数据敏感程度的一种数据处理技术。使用数据脱敏技术，可以有效地减少敏感数据在采集、传输、使用等环节中的暴露现象，降低敏感数据泄露的风险，尽可能降低数据泄露造成的危害。在脱敏处理结果上，数据脱敏的结果是去标识化和匿名化。在脱敏场景上，数据脱敏一般分为静态数据脱敏和动态数据脱敏。

静态数据脱敏：通常发生在需要将生产环境中的数据转移到非生产环境中，但是由于安全问题，不能将数据直接从生产环境直接复制到非生产环境的情况下。此时就需要数据脱敏操作，既满足了业务需求，又满足了数据安全的需要。

动态数据脱敏：在实时生产环境中，由于不同角色、不同权限等级执行的脱敏方案不同，需要做不同等级的脱敏处理。此时的脱敏处理除了保证脱敏前后的数据一致性以外，尤其需要注意脱敏操作的时效性。

1.脱敏处理过程

一套完整的数据脱敏技术对数据的处理基本经过五个过程，分别是元数据识别、脱敏数据识别、数据脱敏方案制定、脱敏执行操作及脱敏前后对比。其中，脱敏执行操作是整个流程的关键。

元数据识别：数据脱敏平台将脱敏数据读入，默认文件头格式（如txt/csv/xml/python），用户可自行设置间隔符号，若文本文件中默认不包含元数据头文件，用户可自行设置元数据名称与格式。

脱敏数据识别：经过元数据识别/设置后，文本脱敏的敏感数据识别与数据库敏感数据识别是相同的，均按照元数据描述及抽样数据本身特点，使用系统的敏感数据扫描可识别出疑似敏感数据。

数据脱敏方案制定：在疑似敏感数据的基础上，用户根据实际需求对需要脱敏的数据、脱敏规则进行设置，形成文件的脱敏方案。

脱敏执行操作：设置脱敏后数据的目标格式，脱敏执行过程将数据读取、处理一次性完成。

脱敏前后对比：一些场景要求脱敏后数据用户需在界面可见脱敏前后对比，对比的内容包括脱敏前后的数据条数、脱敏前后敏感数据的表现等。

2.常用的脱敏技术方法

数据脱敏技术是指通过一定方法消除原始数据中的敏感信息，使敏感数据中不再含有敏感内容，从而达到使人或机器无法获取敏感数据的敏感意义。在脱敏执行阶段，常用的数据脱敏技术有以下五种。

（1）抑制技术

抑制技术是对不满足隐私保护的数据项进行删除或屏蔽，不进行公布。可以分为以下三种。

屏蔽：是指对属性值进行屏蔽，通过对原始字段数据值进行截断、加密、隐藏等方式让敏感数据脱敏。这种脱敏方式最简单，常见的操作方式是用某种规律字符对敏感内容进行替换，从而破坏数据的可读性，并不保留原有语义和格式，例如，特殊字符、随机字符、固定值字符（如*）代替敏感数据。但是屏蔽操作之后，用户将无法获得原数据的格式，不能得到数据的完整信息。

局部抑制：如果某一列的信息均是敏感信息，那么就可以采取删除特定列的属性值的处理方式。

记录抑制：如果某一行，即某一个特定记录是敏感信息，那么就可以采取删除特定行的属性值的处理方式。

（2）泛化技术

直接降低数据集中所选属性粒度的去标识化技术，可以选择对数据进行抽象层次更高的描述。这种方式既有实现简单、保证数据安全性的优点，又可以保证数据范围的真实性。泛化技术大致分两种：一是取整，是指对属性值进行取整操作，比如，在合适的粒度上进行向上或向下取整；二是顶层与底层编码技术，当数据高于（或低于）某一个阈值时，直接使用阈值替换，最终结果表示为"高于阈值"或"低于阈值"，这样可以很好地隐藏数据中的极端值。

（3）加密技术

通过加密算法进行加密是去标识化或提升去标识化技术有效性的常用方法，例如，哈希算法对完整的数据进行哈希加密，使数据不可读。但是使用不同类型的加密算法可以得到不同的脱敏效果。在这个层次上使用一个效果好的加密算法对最终的脱敏效果有很大的影响。

（4）随机化技术

通过随机化修改属性的值，使随机化处理后的值区别于原来的真实值。例如，用将字母变为随机字母，数字变为随机数字，文字替换随机文字的方式改变敏感数据。这种方式虽然在一定程度上保留了原有的数据格式，但是脱敏前后的效果并不明显，难以察觉数据是否可靠，会影响结果数据的真实性。比如，噪声添加，也就是说添加一些随机值，虽然提高了安全性，但直接影响整个数据的可靠性，也不会影响到未修改的真实数据的隐私性。或者置换，将一些属性的值进行互相替换，使不同属性与目录并不对应，这会在一定程度上保护隐私。

（5）数据合成

数据合成是根据敏感数据的原始内容生成符合原始数据编码和校验规则的新数据，使用相同含义的数据替换原有的敏感数据。例如，首先计算需要脱敏数据的均值，其次是脱敏后的值在均值附近分布，可以保证数据的总和不变。同样，也可以通过生成其他的数据保留其他的统计特征。这种技术可以保留单个或多个需要的特征，而损失了其他可以损失的特征。

可综合使用上述数据脱敏方法，充分发挥各种技术的优势，根据需求避免各种方法的不足，对敏感数据选择合适的脱敏技术进行脱敏处理，在数据的可用性和安全性之间建立良好的平衡，从而在不影响业务的同时保障信息安全。脱敏技术的未来发展有三个发展方向。

方向一：满足多样化的脱敏场景。每个行业都有各自的脱敏要求，当今需要脱敏的产品已经不只局限于结构化的表格数据，随着脱敏技术的发展，非结构化文档、图片、视频甚至生物特征识别信息都会成为未来的脱敏对象。如何对这些特殊的原始数据进行处理，仍然需要不同层次、不同方向的研究，给出针对性的解决方案。

方向二：脱敏技术的优化。性能永远是脱敏技术的追求目标。随着业务的迅速发展，数据库的数据量也在迅速增长，如何在动态数据脱敏时效性的要求下短时间内完成数据脱敏，得到脱敏后的数据，还需要在脱敏技术的性能方面进行大幅度的提升。

方向三：脱敏技术的可用性提升。数据脱敏产品在功能技术方面不断完善，用户在追求功能的基础上对数据脱敏产品的效果提出了更高的要求。数据脱敏产品对数据进行脱敏处理前，可以支持设置灵活可变的敏感数据范围、多样的数据类型；数据脱敏产品对数据进行脱敏处理后，如何评估数据脱敏的效果及经过脱敏处理后数据的可用性或价值成为用户关注的问题。因此，数据脱敏策略的制定能够平衡数据脱敏后的可用性与敏感数据的处理效果，也成为数据脱敏发展的趋势。

5.1.2 数据加密

数据加密是指一条消息通过加密密钥和加密函数转换成无意义的密文，接收者通过解密函数和解密密钥将密文还原成明文。这样，我们就可以保护数据不被非法窃取，即使被他人截获，也需要特定的密钥才能获得原始数据。提高计算机安全水平的基础是掌握数据加密的本质，数据加密由明文（未加密报文）、密文（加密报文）、加解密设备或算法、加解密密钥四个部分组成。加密方法有很多种，但主要有对称加密算法、非对称加密算法和不可逆加密算法。密钥加密有两种类型：分组和序列。

1.对称加密的常用算法

在对称加密算法中,加密和解密使用同一个密钥。对称加密的速度较快,但由于密钥需要在网络中传输,可能会发生数据泄露的问题。对称加密主要有三种加密方式。

数据加密标准(data encryption standard,DES)加密。对称加密使用同一个密钥,先用密钥对需要传输的明文数据进行加密,已加密的密文数据经过网络传输后,数据接收方通过同一个密钥进行解密,将密文数据再转化成明文数据,完成数据传输过程。但DES加密算法的安全性不够好,数据加密标准(data encryption standard,DES)被证明是可以破解的,明文+密钥=密文,这个公式只要知道任何两个,就可以推导出第三个。在已经知道明文和对应密文的情况下,通过穷举和暴力破解是可以破解DES的。

3DES加密。3DES加密就是使用DES算法加密解密3次,由于DES加密缺乏安全性,加密3次后安全性大大提高。但损失了一定的速度性能,因此,慢慢被更优异的高级加密标准(advanced encryption standard,AES)加密算法取代,3DES算法可以说是DES加密和AES加密中间的过渡品。

AES加密。AES是美国政府以及其他组织使用的可信的标准算法。AES加解密过程和DES加解密过程类似,AES标准支持可变分组长度,分组长度可设定为32比特的任意倍数,最小值为128比特,最大值为256比特,安全性大大增加。

2.非对称加密的常用算法

非对称加密有两个密钥,分别为公钥和私钥,一般用公钥进行加密,私钥进行解密。相比于对称加密来说,非对称加密要慢很多。非对称加密的典型代表为李维斯特-沙米尔-阿德勒曼(Rivest-Shamir-Adleman,RSA)加密方式。

RSA的安全基于大数分解的难度。其公钥和私钥是一对大素数(100到200位十进制数或更大)的函数。从一个公钥和密文恢复出明文的难度,等价于分解两个大素数之积(这是公认的数学难题)。同时,由于RSA的私钥不用在网络上传输,避免了密钥泄露,安全性能大大提高。RSA算法的加密速度随着加密数据的增加而降低,因此,RSA算法常用于加密数据量较小的应用场景。

5.1.3 数据清洗

数据清洗是指对数据进行重新审查和校验的过程,目的在于将原始数据通过数据规整和数据标准进行清洗，形成精准的安全数据。

在真实业务场景中的数据往往质量较差，存在很多无效、缺失的数据，不能直接拿来使用，称为"脏数据"，需要对其进行预处理。而数据清洗的任务就是过滤那些脏数据。从脏数据的来源来看，可以分为单源脏数据和多源脏数据：分别表示在单个来源产生的脏数据、多个来源产生的数据由于合并、比较等操作后产生的脏数据。

单源脏数据类型分为四个主要部分，每个部分"脏数据"类型具体定义如下。

数据错误：数据中某些不为空的属性值是错误的，例如，拼写错误、格式错误等。

数据重复：同一数据在数据库的实例中多次出现，即存在数据之间的重复。

数据缺失：数据库实例中存在某些属性的缺失，或者原有数据在经过一段时间后变成了无效值。

数据冲突：无法满足完整性约束或者唯一性约束的数据产生的冲突。

常见的数据清洗通常是对单源脏数据进行处理，只有在有多个来源的特殊需求下，需要完成多源脏数据的清洗。因此，下面主要介绍单源下的数据处理。

对于上述异常数据的处理虽然都可以由人工进行判断并处理，但是也面临着效率低和成本高的问题。使用大数据的清洗，不仅有利于提高搜索处理效率，还能加速大数据产业与各行各业的融合，加快应用步伐。比如，通过对家电、物流等多个行业数据整合、过滤，能更好地设计出智能家居方案等。同时，数据清洗也有助于提升信息安全程度，在数据使用之前对其进行清洗，能够对用户的信息多一层保护。

1.数据质量的评价方法

简单来说，数据清洗的目的是提高数据质量。数据清洗中数据质量需要满足的要求通常是：完整性、一致性、准确性、唯一性。此外数据的时效性、可信性等也会影响到数据的质量，但这些特性只会在特定场景下发挥作用，并不是通用的评价特性。正是这些数据质量的要求产生了上述脏数据的各种类型。

这些特性的具体含义可以表示如下。

完整性：描述数据是否存在缺失记录或缺失字段。

一致性：描述同一实体的同一属性的值在不同的系统或数据集中是否一致。

准确性：描述数据是否准确描述了客观实体；是否满足用户定义的条件或在一定的值域范围内。

唯一性：描述同一实体的数据是否是唯一的。

时效性：描述记录的数据是否稳定或是否在有效期内。

可信性：描述记录的数据来源是否可靠。

清洗质量的常用评价指标有准确率和召回率，这两个指标分别反映了数据清洗的准确性和全面性。例如，在处理缺失数据的过程中，准确率可以表示为准确识别出的缺失数据数量占所有被修改的缺失数据数量的比率。而召回率可以表示为准确识别出的缺失数据数量占所有应被修改的缺失数据数量的比率。在其他数据清洗过程中同样可以使用。除此以外，还有F值，即准确率和召回率的调和平均数，可以用来表示准确性和全面性的平均水平。

2.脏数据检测和处理过程

不同的脏数据需要不同的方法解决。总的来说，数据清洗的处理过程可以分成两个过程：脏数据检测和数据处理。这两个过程并不是一次完成的，在一次操作没有达到要求时，可以通过多次迭代达到预期结果。此外，一条需要被处理的数据往往不止一种问题类型，例如，数据冲突肯定会导致一些类型的数据错误，也往往会导致一些数据重复。因此，处理的过程中需要综合判断，选择最合适的处理方法；也可以多种方法同时运用，得到最合适的处理结果。

单源脏数据检测和处理过程有如下方法。

数据缺失。数据缺失通常由两个部分组成：空白值和无效值。其中，空白值可以直接通过检测空指针检测出来。对于无效值，需要利用统计分析技术，根据数据的关系，判断当前数据是否有效。如可以对数据进行一个简单的描述性统计分析，比如，判断某些值是否超出了定义域，如客户的年龄为-20岁或200岁，显然是不合常理的，为无效值。复杂的检测手段，通过计算该数据对整个关系表数据分布的影响来判断是否为无效值。当样本数很多的时候，并且出现缺失值的样本在整个样本的比例相对较小，这种情况下，可以使用最简单有效的方法处理缺失值的情况。那就是将出现有缺失值的样本直接丢弃。这是一种很常用的策略。另外，还有属性中间值填补法，即根据缺失值的属性相关系数最大的那个属性把数据分成几个组,然后分别计算每个组的均值或中位数,把均值或中位数填入缺失的数值里面就可以了。对于一些重要的特殊安全数据,还可以使用较为复杂的填充方法,即使用最可能的值填。这需要用到各种推理模型和工具,例如,回归算法、贝叶斯形式化方法、决策树等进行归纳推理,综合得出最可能的数据进行填充。此外,如果预测后的值仍然不能够满足需要,可以考虑进行人工填充,这样得到的数据最为可靠准确,但是效率会降低,同时成本会更高。

数据重复。对数据重复的检测和处理过程通常包含三个步骤:数据分组、数据比对和重复判断。数据分组需要将数据进行聚类操作,通常可以比较关键属性是否相等或相似来对数据进行分组。接下来将每组中的数据进行比对,如果两组数据的相似程度超过一定的阈值,那么就可以断定存在重复数据。如果使用不依赖相似程度的算法,数据比对和重复判断的过程同样也可以使用机器学习的方法。将训练集中的数据分为重复和不重复,那么数据比对的过程就可以看作机器学习中的分类问题。而解决这类问题常用的机器学习模型有决策树和支持向量机等。

数据冲突。数据冲突是指无法满足完整性约束或者唯一性约束的数据产生的冲突,例如,同一种属性有两个不同的值。通过完整性的约束可以检测数据冲突,而完整性的约束需要从干净数据中学习得到。数据冲突层次的复杂数据清洗需要大量的同类干净数据,这就隐性增大了数据冲突检测的成本。

数据错误。数据错误的检测处理方法通常有:基于完整性约束的错误检测,例如,频率、整体错误检测技术、基于极大独立集的错误检测技术;基于规则的错误检测,例如,通过编辑规则、修复规则、探测规则的方式进行错误检测;基于统计和机器学习的错误检测,例如通过概率模型或关系依赖模型获得输入数据集的定量统计信息,比如,属性值的共现信息,然后通过真值推理检查原始数据值是否在期望范围内,进而判断数据是否出错;人机结合的错误检测,例如,通过人工指出数据集中的错误等。

5.1.4 数据识别

1.基于元数据的敏感数据识别

首先定义敏感数据的关键词匹配式,通过精确或模糊匹配表字段名称、注释等信息,利用元数据信息对数据库表、文件进行逐个字段匹配,当发现字段满足关键词匹配式时，判断为敏感数据并自动定级。这种匹配方式成本低、见效快，可识别全网50%以上的客户敏感数据。

关键词比对可以分为以下五种。

精确匹配：仅当搜索词与敏感数据中的关键词完全一致时，成功匹配。

短语匹配—精确包含：仅当敏感数据中的关键词完全包含搜索词时，成功匹配。

短语匹配—同义包含：在"短语匹配—精确包含"的基础上，敏感数据中的关键词包含搜索词的同义词、颠倒形式或插入形式时，成功匹配。

短语匹配—核心包含：在"短语匹配—同义包含"的基础上，敏感数据中的关键词包含搜索词的核心部分的同义词、颠倒形式或插入形式时，成功匹配。

广泛匹配：只要敏感数据中的关键词与搜索词有一定的相关性，成功匹配。

2.基于正则表达式的敏感数据识别

有些临时表或历史上开发的未按照规范建立的敏感表，根据元数据无法判断是否为敏感数据，这种情况下更多是靠分析数据内容判断。自动化工具通过扫描获取这些表，将系统中大量数值型、英文型的敏感信息（如手机号、身份证号、邮箱等）通过预先定义正则表达式的方式进行精确匹配，做出敏感数据的识别。

3.基于自然语言处理技术的中文模糊识别

前面两种方式可以发现系统中大部分的客户敏感数据，但系统中还保存了部分中文信息，无法通过上述两种方式很好地发现。因此引入自然语言处理技术加中文近似词比对的方式进行识别。首先，根据数据内容整理输出一份常用敏感词，该敏感词列表需具备一定的学习能力，可以动态添加敏感词；其次，通过自然语言处理技术对中文内容进行分词，通过中文近似词比对算法计算分词内容和敏感词的相似度，若相似度超过某个阈值，则认为内容符合敏感词所属的分类分级。

5.1.5 数据标记

在机器学习中，数据标记流程用于识别原始数据（图片、文本文件、视频等）并添加一个或多个有意义的信息标签以提供下文，从而使机器学习模型能够对它进行学习。目前各种使用案例都需要用到数据标记技术。数据标记的准确性决定了人工智能算法的有效性，因此，数据标记不仅需要有系统的方法、技术和工具，还需要有质量保障体系。

1.数据标记分类

目前数据标记有三种常用的划分方式。

根据标注对象进行分类。包括图像标记、视频标记、语音标记和文本标记。视频由连续播放的图像组成。图像标记和视频标记一般要求标注人员使用不同的颜色对不同的目标进行轮廓识别，然后给相应的轮廓打上标签，用标签概述轮廓内的内容，以便让算法模型能够识别图像中的不同目标。语音标记是通过算法模型识别转录后的文本内容并与对应的音频进行逻辑关联。文本标记是指根据一定的标准或准则对文字内容进行诸如分词、语义判断、词性标注、文本翻译、主题事件归纳等注释工作。

根据标记的构成形式进行分类。包括结构化标记、非结构化标记和非结构化标记。结构化标记必须在规定的标签候选集合内，标记者通过将标记对象与标签候选集合进行匹配，选出最合适的标签值作为标记结果。非结构化标记指标记者在规定约束内，自由组织关键字对标记对象进行表述。半结构化标记指标签值是结构化标记，而标签又是非结构化标记。

根据标记类型进行分类。包括人工标记和机器标记。人工标记需要雇用经过培训的标记员进行标记。虽然人工标记的质量高，但是标记的成本更高，时间长，效率也比较低。机器标记需要使用各种算法，标记的速度快，成本相对较低，但是机器标记对涉及高层语义的对象识别和提取效果不好。

2.数据标记的质量评估算法

图像标记质量评估算法。图像标记的质量评估算法有多数投票算法（MV算法）、期望最大化算法（EM算法）和递归算法（RY算法）。MV算法将绝大多数用户选择的结果视为最终结果，即把大多数人认为正确的标签作为最终标签。EM算法构建出一次标记任务中标记者的标记错误率混淆矩阵，并与实际标记结果进行比较，比较结果的差异越大，就代表标记的结果越差。RY算法是前两种算法的改进算法，估计了敏感性、特异性的概率并通过对标记者的特异性和敏感性进行建模分析，过滤垃圾标记者并最终提高标记的质量。

文本标记质量评估算法。文本标记的评估算法有翻译评价算法（BLEU算法）、以召回为导向的分类评估算法（ROUGE算法）、显示排序翻译评价算法（METEOR算法）、文本数据标注质量评估算法（ZenCrowd算法）。BLEU算法根据分析待评估数据中N元组共同出现的程度，衡量机器标记数据与人工标注数据的相似性。共同出现的程度越高，文本标记的质量就越好。ROUGE算法是一种基于召回率的相似性度量方法，主要考察待评估数据的充分性和忠实性，并通过计算N元组在参考数据和待评估数据的共现率评估文本标记的质量。ROUGE还有很多改进算法。METEOR算法综合了上述两种算法，解决了BLEU算法的固有缺陷，即同义词匹配问题和ROUGE算法无法评估文本数据流畅度的缺陷。ZenCrowd算法建模众包标记者的可靠性，并通过可靠度更新每个样本属于特定类别的概率。该算法着重解决了数据稀疏性造成的变量估计偏差过大问题。

5.1.6 数据防泄露

数据防泄露（data leakage prevention，DLP）是一项关键的安全措施，旨在防止敏感信息意外或恶意泄露。随着信息技术的快速发展，数据已经成为企业的重要资产，但同时也面临着各种安全威胁。数据防泄露通过一系列技术和措施，确保数据的完整性和机密性，防止数据被非法获取、篡改或泄露。

1.数据分类

数据分类是数据防泄露的基础，通过对数据进行分类和标记，可以明确哪些数据是敏感的，哪些不是。数据分类的依据可以是数据的敏感程度、重要性、涉密情况等。例如，可以将数据分为个人隐私数据、财务数据、商业机密等类型，针对不同类型的数据采取不同的保护措施。

2.访问控制

强调最小权限原则。实施最小权限原则是数据防泄露的基础。最小权限原则是基于用户、角色或进程在系统中的实际需求，分配最低限度的权限。通过建立精细的访问控制列表和角色基础访问控制，确保用户只能访问其工作职责所需的数据，降低了敏感信息泄露的风险。通过为用户和系统分配最小必要权限，降低了潜在泄露的风险。这意味着用户只能访问他们工作所需的数据，而不是整个数据库或文件系统。

身份验证和授权。强化身份验证和授权机制，采用多因素身份验证，如密码与生物识别技术相结合。有效的授权策略要求明确的规则和条件，确保只有授权用户才能执行敏感操作，从而提高系统的整体安全性。采用多因素身份验证可以提高访问的安全性，而有效的授权策略则限制了用户能够执行的操作。

3.加密技术

数据传输加密。使用传输层安全协议或其他加密协议，确保数据在从一个地方传输到另一个地方时是加密的。这可以防止中间人攻击，确保数据的机密性不受威胁。同时，确保敏感信息在网络上的安全传输。

数据存储加密。无论是在本地存储还是在云平台上，通过采用强大的加密算法，对数据进行加密保护。这一层额外的保护确保即使在物理设备或云服务提供商的服务器上，敏感信息也得到了充分的安全保障，即使某人未经授权获得物理访问权限，也无法轻松访问敏感信息。

4. 数据水印

数据水印是一种将标识信息隐藏在数据中的技术，用于追踪数据的来源和用途。通过在敏感数据中嵌入水印信息，可以在数据泄露时追踪到数据的来源，及时采取措施进行处置。

5.数据隔离

数据隔离是将敏感数据与其他数据进行隔离，以减少数据泄露的风险。可以采用物理隔离和逻辑隔离两种方式。物理隔离是将敏感数据存储在独立的存储设备或数据中心中；逻辑隔离是通过虚拟化、容器等技术实现数据的逻辑隔离。

6.监控与审计

实时监控。建立实时监控系统，通过使用安全信息和事件管理系统（security information and event management，SIEM）等工具，及时发现异常活动。这涵盖了对用户行为、系统访问模式和网络流量的实时监测，从而更早地识别和应对潜在的数据泄露事件。建立实时监控机制，及时检测和响应潜在的泄露事件。使用行为分析和异常检测技术，能够识别不寻常的用户活动，及时预警数据泄露风险。

审计日志。实施全面的审计日志记录，包括用户登录、文件访问和配置更改等活动。这些日志不仅帮助追踪泄露事件，还为事后调查提供了重要信息，帮助组织了解发生了什么以及如何防止类似事件再次发生。记录并审计所有与敏感数据相关的活动。审计日志不仅可以帮助追踪潜在泄露事件，还可以为事后调查提供关键信息，以确定泄露的范围和影响。

7.教育和培训

员工培训。提供针对员工的定期培训，强调数据安全的重要性，教育员工如何辨别和处理敏感信息。员工的安全意识是防止社交工程和内部泄露的重要一环。

制定政策和流程。确立明确的数据使用政策和流程,明确规定如何处理敏感信息。这包括清晰的文件分类、处理程序和处罚政策,以降低员工犯错的风险。

8.防止外部攻击

防火墙和入侵检测系统。使用防火墙进行流量过滤,配合入侵检测系统以检测和阻止未经授权的外部访问。这些系统可以监视网络流量,及时发现和抵御潜在的攻击,从而保护数据免受外部威胁。

数据遮蔽。在测试和开发环境中使用数据遮蔽技术,以减少在这些环境中泄露的风险。数据遮蔽通过模糊或替换真实数据,使开发和测试人员能够有效工作,同时,降低了对真实敏感信息的暴露。

综上所述,通过综合应用上述方法和技术,组织可以有效地提高数据防泄露的能力。关键在于持续监控、及时响应和不断改进安全策略,以适应不断演变的威胁环境。数据防泄露不仅仅是技术层面的挑战,更是需要组织文化的全面支持和员工积极参与的安全使命。

5.1.7 数据接口安全

随着信息化程度的不断提高,组织内部和组织间的数据交互越来越频繁,数据接口成为数据流动的重要通道。然而,数据接口也成为数据泄露和安全攻击的潜在风险点。数据接口安全是保护系统与外部实体之间数据传输的关键方面,涉及API的设计、实施和维护。在本文中,我们将深入研究数据接口安全的相关技术措施,包括API安全标准、身份验证与授权、数据加密、监控机制等多个方面。

1.API安全标准

RESTful API设计原则。采用RESTful(representational state transfer)API设计原则是确保API安全性的第一步。RESTful API通过标准的HTTP方法提供对资源的访问,并使用状态无关的通信方式,降低了系统的耦合度。合理设计API端点、资源路径和参数,有助于减少潜在的安全风险。

OpenAPI规范。使用OpenAPI规范(先前称为Swagger)定义和文档化API。OpenAPI提供了一种标准化的方式,描述API的终端、操作和数据格式。这不仅有助于开发者理解API的用途和参数,也为安全审计提供了基础。

2.身份验证与授权

身份验证是确保数据接口安全的第一道防线。通过对请求者进行身份验证，确认其身份合法性，阻止未经授权的访问。身份验证可以采用多种方式，如用户名密码、动态令牌、多因素认证等。同时，应定期对身份验证数据进行审计和更新，确保数据的真实性和有效性。

OAuth 2.0。OAuth 2.0 是一种用于授权的开放标准，用于安全地委派访问权限。通过 OAuth 2.0，客户端可以获得代表用户的访问权限，而无须共享用户的凭证。合理配置 OAuth 2.0 的授权流程，确保仅授权合法的请求。

API 密钥。为每个合法的 API 客户端分配唯一的 API 密钥，用于标识和验证客户端身份。密钥应定期轮换，不应明文传输，以提高安全性。此外，通过限制密钥的权限，确保每个 API 客户端只能执行其必要的操作。

3.数据传输安全

HTTPS。使用 HTTPS 保护数据在传输过程中的安全性。HTTPS 使用 SSL/TLS 协议对数据进行加密，防止中间人攻击和数据窃取。合理配置 HTTPS 参数，包括支持最新的加密算法和强制使用 HTTPS。

数据格式标准。选择标准的数据格式，并验证接收到的数据格式是否符合预期。这有助于防止恶意构造的数据请求，提高系统对输入数据的鲁棒性。

4.监控与审计

API 访问日志。记录详细的 API 访问日志，包括请求来源、请求参数、响应状态等信息。这些日志不仅为故障排除提供了帮助，还为安全审计提供了必要的信息，帮助组织了解 API 使用情况和潜在的安全威胁。

API 使用统计。实施 API 使用统计功能，监控 API 的访问频率和模式。通过检测异常访问行为，可以及时发现潜在的恶意活动。这有助于快速响应并加强对 API 的保护。

5.防范外部攻击

API WAF。使用专门设计的 API Web 应用防火墙（API WAF）过滤和检测潜在的攻击。API WAF 可以识别和阻止具有恶意意图的请求，提高系统的安全性。

API 速率限制。实施 API 速率限制，限制每个客户端在特定时间内的请求次数。这有助于防止滥用和恶意攻击，确保系统资源不被过度占用。

6.交换方式安全

数据在不同的交换方式中流动,而确保这些流动的数据安全是任何组织都必须高度重视的任务。无论是文件、接口、外部链接、数据服务 API、交换库,还是数据推送,都需要采取综合的方法确保数据的完整性、机密性和可用性。以下是一些保障不同文件交换方式安全的方法和措施。

(1)文件

传输加密:在文件传输过程中,使用强大的传输加密协议,如传输层安全协议,确保数据在传输时受到保护。这可以防止中间人攻击,确保文件在传输过程中的机密性。

数字签名:对文件进行数字签名,以验证文件的完整性和来源。数字签名采用非对称加密技术,可以确保文件在传输过程中未被篡改,并可以验证文件的真实性。

访问控制:在文件的存储和传输过程中,实施严格的访问控制机制。只有授权用户或系统能够访问文件,确保数据仅被授权人员使用。

定期审计:对文件交换系统进行定期审计,以监测和记录文件访问、传输和修改的情况。审计日志的分析有助于及时发现潜在的安全问题。

(2)接口

API 安全认证:为数据服务 API 实施强大的认证机制,如 OAuth 2.0。通过授权和令牌管理,确保只有经过身份验证和授权的应用程序能够使用接口。

输入验证:对于接口的输入数据,实施有效的输入验证,以防范注入攻击。输入验证包括参数验证、数据格式验证和有效性检查,以确保输入的数据是合法且安全的。

API 密钥管理:对数据服务 API 使用 API 密钥,限制对接口的访问。同时,定期轮换 API 密钥,以降低密钥被滥用的风险。

访问日志:详细记录接口访问的日志,包括请求和响应的信息。这有助于监控接口的使用情况,及时发现异常行为。

(3)外部链接

防火墙与入侵检测:在与外部链接进行数据交换的系统上,部署强大的防火墙和入侵检测系统。防火墙可以阻止未经授权的访问,入侵检测系统可以及时发现潜在的威胁。

VPN 加密：使用虚拟专用网络（virtual private network，VPN）加密外部链接的数据传输。VPN 提供了安全的通信通道，确保数据在通过互联网时不容易被截获或篡改。

多层次认证：对外部链接进行多层次的身份验证，确保只有授权的用户或系统能够建立链接。

定期漏洞扫描：对外部链接系统进行定期的漏洞扫描，及时发现和修复潜在的安全漏洞，降低遭受攻击的风险。

（4）数据服务 API

访问令牌管理：采用有效的访问令牌管理机制，确保只有经过身份验证和授权的应用程序能够使用数据服务 API。令牌的有效期限和权限应合理配置。

数据脱敏：对通过 API 传输的敏感数据进行脱敏处理，最小化数据泄露的风险。只传输应用程序需要的最小数据集，以减少潜在的敏感信息泄露。

限制访问频率：实施合适的访问频率限制，防止滥用 API 导致的资源耗尽或拒绝服务攻击。这可以通过限制每个应用程序或用户的请求频率实现。

数据传输加密：使用 HTTPS 或其他安全的传输协议，确保通过数据服务 API 传输的数据在传输过程中得到加密，提高数据传输的机密性。

（5）交换库

访问控制：对交换库实施严格的访问控制，确保只有授权的用户或系统能够访问库中的数据。使用最小权限原则，限制每个用户的访问权限。

数据加密：对交换库中的数据进行加密，以保护数据在存储时的机密性。采用强大的加密算法，确保即使在数据存储介质被盗或丢失的情况下，数据也是安全的。

定期备份与恢复：定期对交换库中的数据进行备份，并确保备份的数据是可恢复的。在数据损坏、丢失或被篡改的情况下，能够迅速进行数据恢复，降低因意外事件导致的数据丢失风险。

数据归档与生命周期管理：实施数据归档和生命周期管理策略，以管理交换库中的数据。定期清理过期或不再需要的数据，降低存储冗余，提高数据管理的效率和安全性。

安全审计与监控：在交换库中实施安全审计和监控机制，定期审查数据访问日志，监控异常活动。及时发现并响应潜在的安全威胁，保障交换库中的数据安全。

（6）数据推送

加密通信通道：对数据推送的通信通道应用加密技术，如使用 HTTPS，以确保数据在推送过程中的机密性。加密通信通道可以防止数据被中间人窃听或篡改。

数据签名：对推送的数据进行数字签名，确保数据的完整性及数据来源的可信性。接收方可以验证签名，确保接收到的数据未被篡改，并来自预期的发送方。

安全协议：采用安全的推送协议，例如，使用消息队列系统或可靠的消息传递服务。这些协议可以确保消息的可靠性、顺序性和安全性，确保推送的数据被可靠传递。

数据推送监控：实施数据推送监控机制，监控推送的数据流量和行为。及时检测异常推送活动，如数据泄露、未经授权的访问或其他安全问题。

综上所述，通过综合应用上述技术措施，组织可以构建更加安全、可靠的数据接口。这不仅有助于保护敏感信息，还提高了系统的稳定性和鲁棒性。然而，安全是一个不断演进的过程，组织需要定期审查和更新安全策略，以适应不断变化的环境。同时，保障不同文件交换方式安全的方法和措施需要多层次的防御策略。综合使用加密技术、访问控制、身份验证、审计和监控等手段，可以建立一个强大的数据安全管理体系。重要的是，这些措施应该根据实际业务需求和风险评估进行调整，以确保安全措施不仅强大而且符合组织的具体要求。

5.2 预处理方法设计

5.2.1 基于并行共享的数据清洗方法

传统数据清洗大多是基于规则的。与基于机器学习的算法相比，基于规则的算法具有很好的可解释性，便于人为参与，也方便用户后续的调试和维护。因此，在实际的数据清洗中，基于规则的方法仍是首选，但是基于规则的数据清洗面临着效率低的问题，因此，接下来分析如何突破基于规则的数据清洗的效率瓶颈。

基于规则的数据清洗的重点是利用知识库检测和修复错误数据。准确的描述是：在关系表和知识库之间建立联系，并利用知识库中的内容建立正面语义和负面语义，在正面语义和负面语义满足一定规则的情况下检测和修复错误数据。想要理解基于规则的数据清洗，需要明确以下概念。

知识库：一种基于资源描述框架的数据。资源描述框架的内容通常有实例、常量、关系、属性等内容。

关系表和知识库的联系方法：通常采用模式匹配图和实例匹配图的方式描述关系表与知识库之间的关系。其中，前者用知识库中的内容解释关系表，而后者描述关系表中的内容如何匹配知识库中的实例。

根据丘奇-罗瑟（Church-Rosser）理论，在一组不相互冲突的清洗规则下，对任意元组执行清洗算法，会得到唯一的修改结果。故在基本的清洗算法里可以对同一个元组重复执行不同的规则，直到完成所有的规则。

本部分将设计并行化和去冗余化这两条优化路线，完成对安全数据清洗效率的优化。实验表明，两条路线均有效提高了基础算法的效率。值得注意的是，两条优化路线可能会产生冲突，互相影响。因此，用户需要根据实际情况选择合适的优化路线，否则可能产生相反的结果，并影响最终清洗的效果。

1.基础数据清洗算法

在目前场景中，因为隐私定义库相较于知识库有更小的体量，所以得到隐私定义库的模式匹配图更加简便。实际操作上，对于少量的隐私定义库内容，手动得到模式匹配图已经十分快捷。对于一组规则，基础的清洗算法是按顺序执行每个可以执行的规则，直到所有规则都被执行。该算法的伪代码见表5-1。

表5-1 基础清洗算法

算法 1：基础清洗算法
输入：元组t,一组探测规则Σ 输出：清洗后的元组t, POS
1　POS←∅ 2　while 存在规则φ：G∈Σ可以在元组t上执行 do 3　if元组t可以和φ完成匹配 then 4　POS←POS∪特定属性a; 5　t[col(a)]←*; 6　Σ←Σ\\{φ\}; 7　return t, POS;

该算法使用集合POS记录所有被标记为隐私信息的属性，并初始化为空（第1行），该集合会在最后与清洗后的元组一起输出（第7行）。选择规则组Σ中可以对元组t执行的一条规则（第2行），执行之后将该规则移出规则组（第6行），直到所有规则都被使用。执行过程即基于相似度计算的实例匹配过程（第3行），对于与隐私定义库中匹配成功的属性i，首先将其放入集合POS中（第4行），之后对该实例的属性值进行处理（第5行），此处使用简易的匿名化方式代替，用户可以自定义其他合适的方式。

在该算法中，对于一组规则Σ，每次循环中，可以执行的规则数最多为$|\Sigma|$，每条规则中的边数为$|E|$，顶点数为$|N|$。匹配的过程中，用$O(|M|)$表示匹配过程的复杂度，用$O(|I|)$表示需要检测该规则下的实例I的个数，则一个规则的匹配过程中顶点的复杂度为$O(|M||I||N|)$，边的复杂度为$O(|E|)$。因此，该算法最大的复杂度为$O(|M||I||N|+|E|)$。

该算法只是一个基础算法，目前还有很多不足。例如，不同规则之间有很多的重复节点，这会在执行过程中产生大量的重复计算现象；此外，若不同规则对没有关联的属性进行检测，那么这些规则可以同时执行而非依次执行。因此，下面从并行计算和去冗余两个方面对上述算法进行优化。

2.并行计算

并行计算是指将一个计算任务分成多个子任务，在多个处理器或计算节点上同时进行计算。并行计算可以有效提高计算速度和效率。

从任务划分的角度考虑清洗基础算法的并行化，有两种不同的任务划分方式，依数据表划分和依规则划分。对于满足一致性的规则组，规则之间不会相互冲突，利于并行计算的任务划分，符合静态负载均衡的条件，可以实现简化。此外，依数据表划分的方式不能保证隐私数据平均划分到子任务中，不利于负载均衡。因此，这里仅考虑依规则划分的方式。

对于满足确定性的规则组，规则的执行顺序不同不会对最终的清洗结果造成影响。这意味着不论并行的具体执行速度如何，只需要将子任务结果合并即得到最终修改结果。在计算结果的合并上，并行执行会导致一些隐私数据的重复判定，需要将各子任务的输出结果取并集。

此时清洗算法的伪代码表示如表5-2。

表5-2　依规则划分的基础清洗算法的并行表示

算法：依规则划分的基础清洗算法的并行表示
输入：元组t,一组探测规则∑
输出：清洗后的元组t, POS
1　POS←∅
2　for每一个规则$\varphi[n]$: G∈∑, do in parallel
3　　POS[n]←∅
4　　if元组t可以和φ完成匹配then
5　　　POS[n]←POS[n]∪特定属性a;
6　　　t[col(a)]←*;
7　POS←$\cup_{n=1}^{|\Sigma|}$POS[n]
8　return t, POS;

实验验证如下。

实验设置：本次测试中延续使用了六条规则、七个属性。固定使用元组数量为32 561组，固定符合规则的隐私数据比例为10%。

实验设备：一台2.60 GHz的Intel六核CPU，内存为16 GB。

实现方式：在原串行程序的基础上创建六个异步计算任务，这种方式会创建六个线程，达到并行的目的。

实验结果：由于并行运算并不会改变清洗的准确率和召回率，这里仅统计了10次清洗的时间，并取平均值。串行程序并行化带来的理论最大加速比将受到可并行比例的限制，这里的可并行比例接近1，因此，在本实验条件下的理论最大加速比为6。并行运算加速比见表5-3。

表5-3　并行运算加速比

平均串行时间/s	平均并行时间/s	加速比
612	237	2.58

最终测试出的加速比为2.58，这证明并行计算有一定的加速效果。但是由于数据规模较小且并行计算本身会带来额外开销，实际加速比与并行计算的理论加速比上限有很大的距离。

3.减少重复计算

基础算法中的主要计算内容是匹配操作。对于每个规则，都需要根据模式匹配图计算顶点的相似度函数。当不同规则的顶点相同时，无论是串行算法还是并行算法，都需要在不同的规则计算中对同一个顶点重复计算。这种现象会随着规则的增多更加严重。例如，6个规则中均包含属性为职业的相同顶点，这表示在原有算法中该顶点的相似度比较函数被重复计算了6次。

本部分使用记忆化技术解决重复计算的问题，并将哈希表作为存储的数据结构。主要思路：在执行各规则时，第一次计算后将计算结果存入哈希表中，后续迭代计算后，直接查找计算结果。由于哈希表查找的时间复杂度为$O(1)$，因此，在较大规模的数据集上的时间开销将小于重复计算的时间开销。

此时清洗算法的伪代码表示如表5-4。

表5-4 去除重复计算的基础清洗算法

算法：去除重复计算的基础清洗算法
输入：元组t，一组探测规则Σ，哈希表HashMap 输出：清洗后的元组t，POS
1　POS←∅ 2　for每一个规则$\varphi[n]$：$G\in\Sigma$，do 3　　for每一个顶点v和边$e\in\varphi$，do 4　　　if HashMap.containsKey（顶点v或边e）then 5　　　　HashMap.get（顶点v或边e） 6　　　else if 元组t中的属性a能够匹配顶点v或边e，then 7　　　　HashMap.put（key：v或e的属性，结果）； 8　　if每一个顶点v和边$e\in\varphi$都能成功匹配，then 9　　　POS←POS∪特殊属性a 10　　t[col(a)]←* 11　$\Sigma\leftarrow\Sigma\setminus\{\varphi\}$ 12　return t，POS

在该算法中，使用集合POS记录需要被隐藏的属性，并初始化为空（第1行）。之后对规则的每条边或顶点匹配（第2行和第3行），计算前首先以顶点的属性为键值查找哈希表中是否存在结果（第4行）。如果存在就直接读取结果（第5行），否则就计算是否能够匹配，并将计算结果存入哈希表中（第6行和第7行），如果所有顶点都能成功匹配，则符合规则（第8行），将需要被隐藏的属性放入集合POS中（第9行）。最后将该规则移除规则组（第11行），并返回元组t和隐私属性集合POS（第12行）。

下面将计算使用该方法的理论加速比上限。在忽略对哈希表的操作消耗等条件下，假设每个顶点匹配计算消耗的时间相同，令规则数为$|\Sigma|$，平均每条规则的顶点数为$|\overline{V}|$，所有顶点中的重复顶点数为$|V|$，则对顶点匹配运算的最高理论加速比，即用加速前的顶点个数比加速后的顶点个数，其表达式为：

$$S = \frac{|\Sigma|^2 \overline{|V|}}{\left(|\Sigma||\overline{V}| - |V|\right)|\Sigma| + |V|}$$

实验验证如下。

实验设置：测试中共有6条规则、7个属性。固定使用元组数量为32 561组，固定符合规则的隐私数据比例为10%。

实验设备：一台2.60 GHz的 Intel 六核CPU，内存为16 GB。操作系统为Windows 11。

实现方式：本次实验使用的数据集规模较小，对哈希表的操作使用Java集合框架中的HashMap类即可支持。

实验结果：本次测试的6条规则中，共有15个顶点、9条边。其中有7个重复顶点。在不考虑对哈希表操作和边的计算的情况下，理论最高加速比为1.64。测出消除重复计算实验结果见表5-5。

表5-5 消除重复计算实验结果

未消除重复计算时间/s	消除重复计算时间/s	加速比
612	509	1.20

实测出的加速比为1.20，这代表在实际应用中这种优化方式虽未达到理论上限，但仍有一定的加速效果。

5.2.2 强泛化的联邦数据处理方法

为保护数据的隐私性，各部门之间的数据并不会直接共享，但是各部门存在共同的数据处理需求。在此基础上，数据处理环境也是时刻变化的，这种变化体现在两个方面：一是处理数据是时刻变动的，二是随时会有新的部门加入数据处理和分析工作中。因此，为了保护数据的隐私性，本研究基于联邦学习的数据处理模型，在保护数据隐私的前提下，使各部门共享最新的数据处理模型，并且模型能够将处理能力泛化到新数据以及新加入的部门中。

目前，使用深度神经网络模型处理数据成为主流。对数据进行建模可以支撑后续诸多业务，例如，用户行为预测、日志异常检测等。然而，不同业务数据差异化明显，且数据分散地存储在各部门的网络终端中。由于隐私要求，各终端数据避免直接地流通和交互，使大规模的数据无法汇聚、无法被有效利用。联邦学习实现了在保护数据隐私的前提下，不直接进行数据交互，而是使用分散在各终端的数据协同训练共享模型，并在中央服务器实现模型的聚合和分发，从而最大化差异数据的使用价值，并保证了多方数据的私密安全、协作学习。

然而，在处理分散在不同终端的异构数据时，联邦学习的应用存在诸多技术挑战。首先，各终端的本地数据是动态变化的，会引起新数据分布的产生。其次，参与联邦学习的终端是动态变化的，原因可能是物理条件改变或人为操作。目前简单的联邦平均聚合无法适应上述动态变化的环境，导致模型性能降低。因此，需要研究如何充分利用有限的数据获得对新数据和新终端节点具有强泛化能力的模型。但是，过分强调泛化能力会使模型更倾向于全局最优，导致模型在面对本地差异化数据时个性化检测能力减弱，从而降低检测准确率。

因此，本方法研究强泛化的自适应联邦模型，充分利用分散在不同业务网络中的数据进行学习和检测。在本方法中，下游任务以异常检测为例。本方法致力于在保证模型准确率的前提下，通过域自适应和梯度分散，分别在新数据、新参与终端节点上保持良好的泛化性能，并通过数据增强的方式实现本地模型个性化和聚合模型泛化性之间的平衡，实现不同业务网络中的异常检测的整体最优性能。

具体而言，在参与联邦的本地节点上，为提升泛化能力，本方法建立最坏情况基础。如果模型在最坏的源数据域分布情况下，通过最小化源域与目标数据域的距离，能够将特征学习能力迁移到目标数据域中并保持很好的检测能力，那么在一般的新数据域中，模型泛化能力也不会差。因此，为了提升模型的本地数据泛化能力，可构造worst case的数据分布（如图5-1所示），即优先选择最接近异常样本的正常样本，与异常样本一起训练模型。若本地模型能够在最坏情况下成功地将异常数据剥离，那么模型在面临未知的新数据时，仍然有能力进行泛化，并在新数据上保持一定的检测能力。

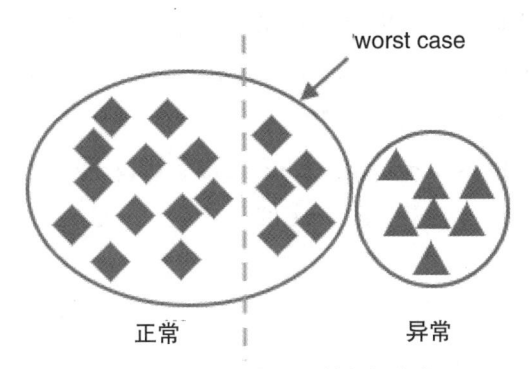

第5章 数据预处理方法研究与设计

图5-1 worst case的数据分布

另外，为使联邦聚合后的模型有泛化到未知新联邦终端的能力，提出基于梯度分散的联邦聚合算法，该算法同样是以最大熵原理为基础。通俗地讲，如果在各参与终端的本地模型梯度最分散的情况下，聚合模型仍然能够保持良好的整体异常检测准确率，那么在未知的新终端上，聚合模型同样具备较好的检测能力。因此，如图6-1所示，基于梯度分散的联邦聚合方法构建worst case的模型梯度分布，并在此基础上进行聚合训练。具体而言，对于N个参与联邦学习的终端中训练的模型i，计算其梯度分布与聚合后的全局模型的梯度分布的距离，即KL散度，若距离更远，则对构建worst case的聚合梯度有贡献。因此，该模型有更高的权重。对参与终端加权，实现了最坏情况的模型聚合，从而保证了在面临新的参与终端时，模型有能力泛化并保持一定的检测水平。当然，在终端之间，为了避免离散模型导致难以收敛且准确性降低，本项目在联邦聚合时，在考虑各终端模型梯度的离散度的基础上，额外考虑各终端模型的准确率，即在聚合时，使用平衡因子用于权衡各终端的本地模型的准确率和离散度，使模型在保证本地准确率的同时，提升泛化能力，从而达到最优的整体异常检测性能。

总的来说，在保证本地异常检测准确率的前提下，强泛化的自适应联邦异常检测方法实现了对于新的差异化数据以及新的联邦参与终端的强泛化能力，并且提升了模型对于不同业务网络的差异化数据的整体异常检测能力。

为了评估方法的有效性，本研究使用三个公开的数据集，对方法在异常检测任务中的表现进行了评估。

1.数据集

CICIDS2017（https://research.unsw.edu.au/projects/unsw—nb15—dataset）：

基于McAfee报告收集，体积为51.1 GB。其特征为46维。

UNSW—NB2015（https://www.unb.ca/cic/datasets/iotdataset—2022.html）包含超过250万条交通记录。其特征为81维。

CIC—IoT2022（https://www.unb.ca/cic/datasets/iotdataset—2022.html）包含不同物联网设备产生的21.7 GB流量。在CIC—IoT2022中，使用特征提取器提取31维特征。

2.对比方法

WAGE：根据本研究提出的方法构建的模型。

先进的联邦异常检测模型：FLMD、deepFed和FedDetect，它们可以有效地检测工业互联网中的攻击。

FedDS和FedSSAD：将轻量级通用异常检测模型DeepSAD和SSAD与强大的算法Fedavg结合起来。模型的参数随负样本的数量而变化。

3.评价指标

评估时使用以下经典的评价指标：

$$F_1 - score = 2 / \left(\frac{TP + FP}{TP} + \frac{TP + FN}{TP} \right) \quad Acc = \frac{TP + TN}{FP + FN + TP + TN}$$

其中，TP和TN分别代表正确标记的异常样本和正常样本数量，FP和FN分别代表错误标记的异常样本和正常样本数量。

4.模型在已知数据上的表现比较

表5-6　模型在已知数据的已知攻击上的表现

	UNSW-NB2015		CICIDS-2017		CIC-IoT2022	
	Acc	F_1	Acc	F_1	Acc	F_1
FedSSAD	0.962 9	0.784 9	0.900 8	0.724 7	0.930 1	0.839 1
FedDS	0.936 5	0.839 7	0.939 5	0.700 4	0.910 6	0.723 9
FLMD	0.921 3	0.749 5	0.863 0	0.621 6	0.908 8	0.718 4
DeepFed	0.913 0	0.727 9	0.827 5	0.508 4	0.907 5	0.703 1
FedDetect	0.957 9	0.839 9	0.941 2	0.705 5	0.919 4	0.817 9
WAGE	0.976 3	0.905 2	0.931 1	0.832 9	0.937 4	0.850 8

从表5-6看出，WAGE较对比方法有显著改善。

WAGE在三个数据集上的F_1最高，特别是UNSW，有17.73%的显著差额，说明WAGE的准确率和召回率之间的表现最均衡。

在准确性上，WAGE在两个数据集上达到了最好的效果。WAGE和最优之间的差距很小，仅有0.01。原因是WAGE是在最坏的情况下进行训练的，这可能会略微影响现有数据的性能，但在新的数据中有明显的改善（提升5%以上），由表6-7得以证明。

5.新攻击上的性能比较

表5-7 模型在新攻击（左）和新节点（右）上的表现

	UNSW-NB2015		CICIDS-2017		CIC-IoT2022		UNSW-NB2015		CICIDS-2017		CIC-IoT2022	
	Acc	F_1	Acc	F_1	Acc	F_1	Acc	F_1	Acc	F_1	Acc	F_1
FedSSAD	0.909 6	0.721 9	0.829 4	0.409 2	0.871 5	0.699 9	0.849 2	0.395 1	0.776 0	0.462 0	0.841 7	0.572 7
FedDS	0.896 9	0.715 4	0.848 2	0.507 1	0.868 1	0.593 0	0.824 7	0.284 1	0.833 1	0.597 4	0.823 6	0.556 7
FLMD	0.911 8	0.724 7	0.838 6	0.374 8	0.881 7	0.581 9	0.852 7	0.334 0	0.771 0	0.291 0	0.851 6	0.665 9
DeepFed	0.849 7	0.630 5	0.761 0	0.492 7	0.812 1	0.669 6	0.751 1	0.356 0	0.660 6	0.407 7	0.803 4	0.477 3
FedDetect	0.882 7	0.722 1	0.843 1	0.430 6	0.812 4	0.602 0	0.824 9	0.584 7	0.787 4	0.434 9	0.810 3	0.456 0
WAGE	0.932 1	0.829 4	0.896 0	0.652 8	0.917 6	0.738 4	0.896 1	0.694 9	0.855 0	0.682 0	0.868 1	0.729 9

基于表5-7的左侧表格有以下观察结果。

在三个数据集上，WAGE有三个最优F_1分数，与对比方法相比，产生了显著的改进，尤其是在CICIDS上，F_1最高提升了27.8%。所有的准确率得分都达到89.6%，这在三个数据集上是最高的，特别是对于CICIoT，准确率提高了10.55%。

对比模型在现有数据和新攻击上的检测效果，WAGE在已知数据和新攻击的性能差异最小（准确性平均3.3%，F_1平均12.2%），而对比方法的性能显著下降（对比方法的F_1甚至下降了20%）。

6.新联邦节点上的性能比较

表5-7的右侧部分显示了模型在新加入的联邦节点上的表现如下。

总体而言，WAGE的改善是显著的，在三个数据集上具有最高的准确性和F_1。

在准确率上，WAGE与对比方法间的最大差距高达19.44%，同时，F_1的最大提升达到39.1%，体现了WAGE的泛化优势。

不可否认的是，与新攻击上的表现相比，模型在新节点的性能进一步降低。即便如此，WAGE仍然有着最好的得分。现有检测和新节点上检测的准确率与F1的差距平均仅分别为7.52%和14.43%，而其他方法下降幅度在23%以上。

到目前为止可以得出结论，与先进的方法模型相比较，WAGE有着最优的性能和最强的局部与全局泛化能力。

5.2.3　可解释的数据标记方法

随着人工智能和机器学习领域的快速发展，人们对高质量标记数据的需求不断增长。高质量的标记数据可以帮助模型更准确地捕捉到数据中的模式和关系，从而提高模型在未标记数据上的预测性能。然而，数据标记通常需要投入大量的人力、时间和资源，尤其是在涉及复杂任务和大规模数据集的情况下。为了提高数据标记的效率和质量，研究人员和工程师正在探索各种技术，如自动化标记、半监督学习、迁移学习以及利用预训练模型。此外，还有一些专门的数据标记平台和工具，这些平台和工具可以帮助加速数据标记过程并提高标记质量。

在通信网络领域，数据标记通常用于构建网络安全、网络管理和网络性能分析等方面的监督式机器学习模型。这些模型需要大量的带标签数据进行训练，以便在实际场景中准确地检测异常、识别攻击或预测网络性能。特别在网络安全领域，为了防范恶意攻击和异常行为，研究人员和工程师利用机器学习模型对网络数据进行实时监控。在这种场景下，数据标记涉及通过异常检测器为每个数据包或流分配一个标签，如"正常"或"异常"，以便训练模型进行入侵检测和异常检测。

考虑到异常数据的稀疏性和正常数据的丰富性，我们很难从有限的网络异常数据中学习异常模式，并且由于异常数据和正常数据比例的不平衡问题，我们难以获得一个无偏分类器来区分伴随着大量正常数据的少量异常数据。为了解决这些问题，现有的大多数研究都是以无监督或有监督的方式进行，主要包括基于统计概率的方法、基于临近的方法和基于浅层机器学习的方法。基于统计概率的方法通过对数据分布进行建模，并根据网络数据在模型中与正常数据的偏离程度来检测异常数据，但这类传统的方法首先缺乏有效的网络数据统计特征，其次不能适应于当前动态变化的网络环境。随着深度学习的发展，一类基于深度学习的方法被提出。这类方法主要通过基于深度学习的模型提取网络数据深层特征，然后利用提取到的网络数据深层特征进行异常检测。但这类基于深度学习的方法缺乏对异常数据合理的解释,而且不能适应当前动态变化的网络环境。事实上,网络分析人员通常可以通过描述发现的异常数据是否有用来为模型训练提供宝贵的信息,使模型具有适应动态网络环境的能力。基于人机共生的方法正是利用这个特性让网络分析人员在模型训练过程中与模型进行交互,让模型能够适应动态变化的网络环境。但由于网络分析人员与模型的交互频率远远小于网络数据生成的频率,所以这类方法存在着劳动力资源有限的问题,并且,网络分析人员与模型的交互质量一定程度上取决于模型对所预测异常数据的解释能力,而基于人机共生的方法对检测出的异常数据不能提供一个合理的解释,造成网络分析人员与模型的交互质量降低,从而影响模型的性能。

为了融合异常检测和异常解释两个方面,现有技术采用单向数据流动模式。这类模式是对异常检测模型提供的检测结果进行一定程度的解释,然后将解释结果交付给网络分析人员进行进一步的判断,但在这类方法中,异常检测器和解释器之间的数据流动关系是单向的,异常检测器不能充分利用解释器提供的解释结果,甚至不知道解释器的存在,这在一定程度上造成了计算资源的浪费和模型性能的丢失。

因此,有必要引入一种新的由异常检测器模型和解释器模型组成的框架,充分利用解释器的计算资源,并使异常检测器可以与网络分析人员进行交互,其中,通过解释器确保交互质量,最终使异常检测器模型具有适应动态网络环境的能力。

1.核心创新点与相应效果

将多臂老虎机方法引入网络异常数据检测中,使异常检测器可以与网络分析人员进行交互。不同网络攻击对应的异常数据组成了动态网络环境中的异常数据,这些网络攻击包括DDoS攻击、PSNP请求攻击等。本发明提出框架中的异常检测器通过与网络分析人员的交互,获得网络分析人员的反馈,从而不断调整臂选择策略,使模型可以有倾向地检测特定类型的异常数据,获得适应动态网络环境的能力。

框架中的异常检测器对网络数据特征和解释器提供的部分解释结果进行联合建模。为了充分利用解释器的计算资源,异常检测器对解释器提供的解释结果进行建模,使异常检测器可以在更快更准确的情况下检测出异常数据,并且不浪费解释器消耗的计算资源。

基于最大线性分离对检测出的异常数据进行可视化解释。网络分析人员与异常检测器的交互质量取决于网络分析人员对异常检测结果的理解能力。解释器对当前检测出异常数据进行三个方面的解释，并且提供给网络分析人员一个可视的解释结果，使网络分析人员可以根据直观的解释结果判断异常检测器当前所处的状态，从而提供恰当的反馈。

2.模型具体实施方式

模型具体框架如图5-2模型具体框架所示，框架主要由异常检测模型和解释模型两个核心模块组成。在每次与专家的交互t中，异常检测模型对数据特征和解释模型提供的部分解释结果进行统一建模，确定一个数据，通过解释模型最终解释后向专家查询判断其是否为异常数据。网络分析人员的反馈将被整合回异常检测模型中，通过更新策略更新异常检测模型的参数。此交互过程将迭代，直到T个查询预算用完。

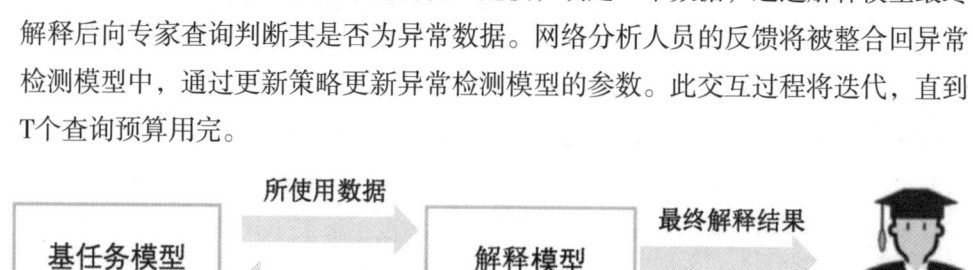

图5-2 模型具体框架

具体而言，基于可解释性的数据标记方法所示，算法主要分为两个阶段——异常检测阶段和解释阶段。

在异常检测阶段，异常检测器将当前检测数据传输给解释器，解释器进行解释后将部分解释结果传输回异常检测器，异常检测器通过综合考虑每个数据的网络数据特征和解释器提供的部分解释结果，获得最终检测结果，然后经解释器解释后将最终解释结果交付给网络分析人员进行判断。

在解释阶段，解释模型的问题归纳过程如图5-3解释模型的问题归纳过程所示。在第t次试验中，给定数据集和异常检测模型当前所要判断的第i个数据，为了方便表示，用来表示第t次试验中异常检测模型所要判断的第i个数据。首先，将解释任务转化为到全局分类问题。其次，整个数据规模的全局分类问题可以划分为一系列局部分类问题，这些局部分类问题集中在每个数据的上下文中，由于异常数据和正常数据比例的不均衡，对要解释的异常数据进行下采样，让当前要解释数据的上下文数据数量和下采样后得到的数据数量相近。紧接着，一组局部解释器可以围绕待解释数据构建出来。最后，可以通过局部解释器的参数对待解释数据进行合理的解释。

(a) 获得所判断数据 (b) 全局分类问题

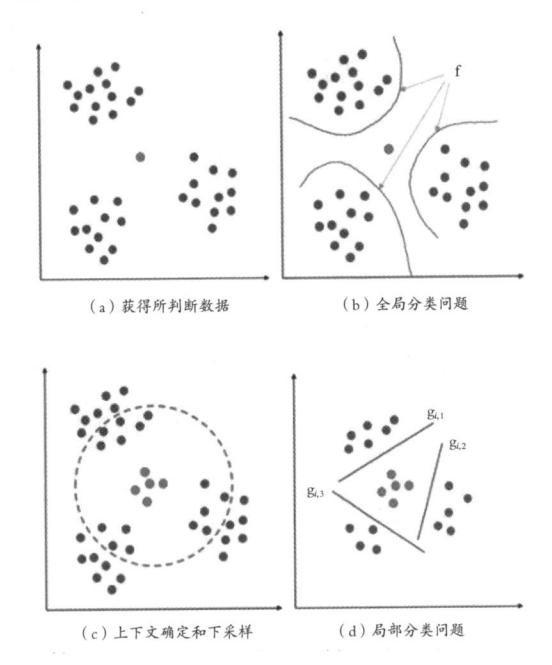

(c) 上下文确定和下采样 (d) 局部分类问题

图5-3　解释模型的问题归纳过程

3.实验结果

通过数据模拟获得网络数据集，其中，正常数据数目为600，异常数据共有5类，每一类都有20条数据。

在第t次与网络分析人员的交互中，假设存在100条数据，每条数据本身的数据特征为$\{x_1, x_2 \cdots x_{50} \cdots x_{100}\}$，举例来说，其中$x_2=\{332.1, 11.2 \cdots 0.022 \cdots 29.028\}$。那么通过解释器算法对每条数据进行解释，获得每条数据的解释结果y_1，最终得到$\{y_1, y_2 \cdots y_{50} \cdots y_{100}\}$的值，举例来说，其中$y_2=\{0.111, 0.911 \cdots 0.001 \cdots 0.028\}$。通过下式：

$$\rho\left(x_i^T \hat{\theta}_{a(i)} + \alpha\sqrt{x_i^T A_{a(i)}^{-1} x_i}\right) + \rho\left(y_i^T \hat{\varphi} + \alpha\sqrt{y_i^T P^{-1} y_i}\right)$$

可以计算出选择每条数据预期收益的紧致置信上界$\{91.0, 0.111 \cdots 11.2 \cdots 101.22\}$，然后获得其中取值最大的数据为第$j$条数据，其紧致置信上界取值为201.22。将

第 j 条数据经解释器解释后交付给网络异常人员进行判断，如果网络异常人员认为该数据为异常数据，则给出 $r=1$ 的反馈；如果网络分析人员认为该数据不是异常数据，则给出 $r=0$ 的反馈。在获得网络分析人员的反馈后，对模型参数进行更新，更新结束代表此次交互结束。

对于第 r 条数据（id_outlier = 674），其对应的属性值为{0.021，0.123⋯0.293⋯0.008}，该数据是异常数据；对于第 r 条数据（id_outlier = 465），其对应的属性值为{0.111，0.003⋯0.093⋯0.078}，该数据是正常数据。图5-4和图5-5分别是解释器对一条异常数据（id_outlier = 674）进行解释（图5-4异常数据解释结果）和对一条正常数据（id_outlier = 465）进行解释（图5-5正常数据解释结果）。图中还具体显示了该数据的异常度得分和簇的数量。X 和 Y 轴分别是导致异常属性得分最高的两个属性，在每个轴边给出了属性的编号和该属性导致异常的得分，有利于网络分析人员进行异常数据的判断。

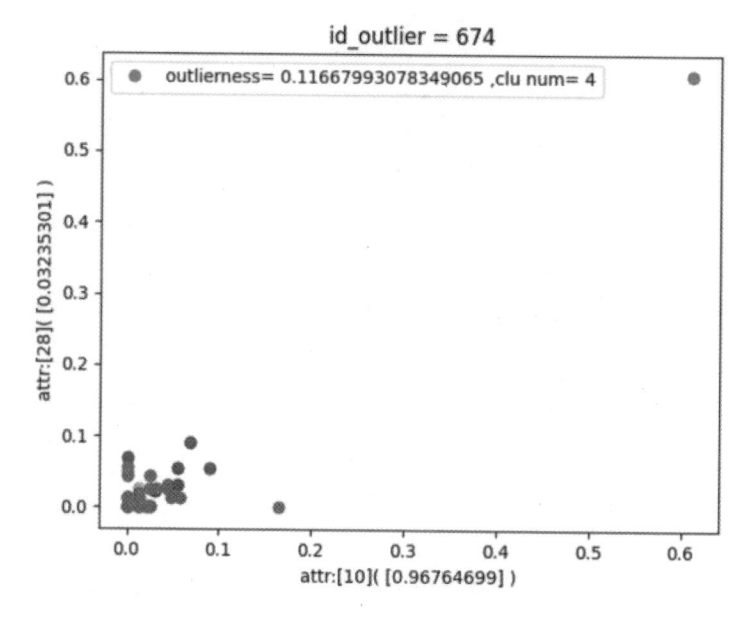

图5-4 异常数据解释结果

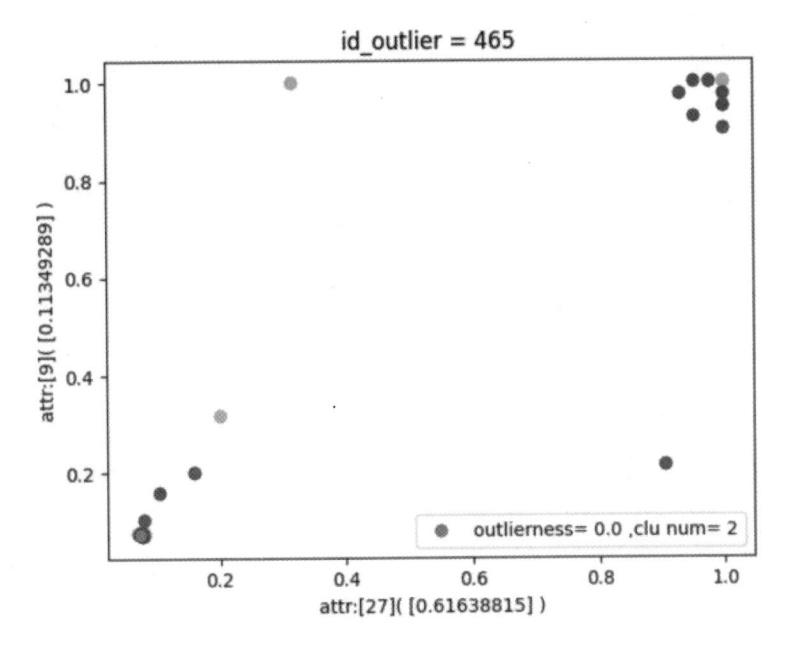

图5-5 正常数据解释结果

5.3 总结与分析

数据预处理是将不完整（有缺失值）的非结构化数据按照一定规则处理为高质量的结构化数据，然后对数据进行标记，从而提升数据挖掘的建模效果和执行效率。

本章对目前广泛采用的数据脱敏、数据加密、数据清洗、数据识别、数据标记、隐私计算等数据预处理技术进行调研，并在现有研究的基础上针对数据预处理效率、预处理效果、预处理的可解释性方面的不足，提出了三种预处理方法：一是提出并行共享的数据清洗方法，通过并行计算和减少冗余计算，提升数据清洗的效率；二是提出强泛化的联邦数据处理方法，通过构建基于最具挑战性的联邦学习条件，训练模型能够将处理能力泛化到新数据和新网络中；三是提出可解释的数据预处理方法，通过构建可与人交互的数据特征编码和解释模型，实现对异常数据的可视化解释，并提升数据的标记质量。经过实验验证分析，上述三种预处理方法能够提升数据预处理的效率、效果以及可解释性。

第6章 数据质量管理

6.1 数据质量管理的意义

数据质量非常重要，数据的不确定性或质量低下会带来很多弊端。例如，如果交易系统或个人信息和医疗信息等重要数据管理不善或管理不当，会引起相当大的社会危害。

数据质量管理会对企业的经营质量管理和信息系统质量管理产生直接的影响。因此，提高数据质量不仅可提高信息系统的质量，还可提高经营活动的质量。但是确保数据质量并不是靠暂时的投资或关注就可以快速实现的，应对整个数据进行系统且长期的整备。此外，即使质量有保障的系统也会因为一次疏忽管理使质量瞬间恶化。确保数据质量很难，保持数据质量也很难。但是，如果不能确保数据质量，会使企业信息化迟滞和组织竞争力低下，因此，这是需要集中所有精力研究的课题。确保数据质量的困难之处包括两个方面。

第一，对数据质量的认识因人而异，要满足所有人对质量的期待并不容易。有要求确保质量达到完美标准的，也有允许一定程度的错误或达到一定标准即可的。另外，对数据质量的定义也有很多不同出发点。除了将数据的准确性视为质量的基本标准之外，数据的快速提供，数据应用的方便性等也常被视为质量标准。进一步来讲，数据的安全性或保全性也属于质量的范畴。确保数据质量的原则是共享数据质量的定义，设定实际可达的质量标准。

第二，确保数据质量的第二个难点在于影响质量的原因多种多样，影响数据质量的管理功能之间具有复杂的联系。因此，为确保数据质量，应在相关功能的整合上多加努力。例如，数据结构管理、数据流向管理、数据标准管理、数据所有者管理，数据性能管理等功能均与数据质量有直接或间接的关系，其相互之间也有复杂的关系。因此，需要明确掌握影响数据质量各功能之间的关系。

最近全球出现的数据质量管理受法律强制规范的现象尤为突出。这是遵循治理、风险管理和合规性的要求进行品质管理的必要性体现。例如，最近因全球越来越多的企业倒闭或因道德危机使投资者的信任度下降，企业的信任度也逐渐下降。为恢复投资者的信心，相关部门陆续提出了萨班斯·奥克斯利法案、新巴塞尔协议、反洗钱、国际财务报告准则等新规定，制定了企业相关的法规并要求贯彻执行。为达成这一目标，全面提高数据质量管理标准的重要性正在凸显，也相应提出了不少方案。

数据难以管理的主要原因是相关对象繁多且复杂。多个系统同时进行开发会导致数据分散在多个系统中，要保持分散数据的一致性变得很困难。此外，使用数据的人员较多，可能发生错误操作而导致的数据错误。另外，还会有数据本应定期更新到最新状态但未得到执行，因不了解数据的真正含义而错误使用数据并得出错误结果等情况。计算机程序开发完成后，在需求产生变化前会一直保持原状，但数据的具体值会随着业务的正常进行随时生成、变更或消失。因此，虽然数据是需要精心维护管理的对象，但到目前为止其在计算机领域中得到的关注相对较少。

6.2 数据质量管理的基本内涵与标准

6.2.1 数据质量管理的基本内涵

为解决数据质量问题，需要正确了解当前的质量状态。只有掌握了质量标准，才能正确分析引起的问题和产生问题的原因，并准备对应方案。

典型的方法是评测数据质量并改善质量较差的对象，这种方式通常可暂时提高质量标准并且效果很好。但是，这种方法存在两个问题。

第一，质量标准只能改善到一定程度。原因是影响数据质量的因素并不只存在于表面现象中，其根本原因是对数据的管理不足。因此，不解决这一根本原因就难以将质量提升到理想状态。

第二，质量标准提升后，经过一定时间经常会出现重新下降的情况。只有通过持续的数据质量管理才能产生效果，只通过临时措施达到的质量难以持久保持。因此，准备并保持数据质量相关的核心流程非常重要。综上所述，虽然评测数据质量标准很重要，但评价并改善数据质量管理的流程才是根本的解决方案。

数据质量管理是完善信息系统的根本之策。信息系统在运行过程中各种因素导致数据质量下降。这种现象在信息系统中被称为"数据变质"。虽然数据质量下降对信息系统的运行不会造成严重影响，但如果放任不管则会引起信息系统的管理问题和维护问题，最终导致信息系统必须全部重建。正如想要治疗疾病就需要正确诊断一样，想要管理数据质量就应先对数据质量管理标准进行正确的评测。

在了解数据质量管理重要性的同时，更需要制订质量管理计划或执行具体的质量管理活动。但是，很难了解应从何处开始执行质量管理，对现行的质量管理是否在顺利执行也有诸多疑虑。并且，通过长期且具有方向性的质量管理逐步提高质量标准的案例并不多。如此一来，就无法看到对数据质量管理的投资是否有效，或者就算有效，通常情况下其实现过程的效率也很低下。

为系统地进行数据质量管理，应根据客观标准评测数据质量管理标准，并需要为确保达到更好的标准所需准备事项的指南。数据质量管理标准诊断模型就是为满足这种需求而开发的。数据质量管理模型由三个中心轴构成。

第一，数据质量的定义。数据质量可根据个人或组织的观点进行多种定义。但是，对质量理解不同时进行质量管理会出现对象不明确的问题。因此，数据质量的定义可以说是最重要的出发点。本模型从数据质量的多种观点中选出具有普遍性的观点，并对其分类，以反映质量的多个方面。对于数据质量的六种标准，准确性、一致性反映数据的有效性，可用性、可达性、及时性、安全性反映数据的运用能力。数据质量总体来说应全部满足这六种标准，但根据组织所属的环境或用户的关注不同，其中也可能存在更重要的特别标准。同样，数据质量评测也应对这六种标准进行全面检查，但也可只对其中一两种所占比例较大的标准进行评测。数据质量的定义可根据对组织质量的了解按比例使用六种标准确定。

第二，构成数据质量管理标准诊断模型的第二个基准是识别为提高上述六种标准的质量所需的流程或影响质量标准要素的管理流程。但这种流程大部分由数据管理所需的流程构成。如同前面提到的，与关注数据质量本身相比，从整体上准备与其相关的流程更为重要。虽然有时品质管理与数据管理流程1∶1对应，但也存在一个流程与多个品质标准相关的情况。质量标准和管理流程间的关系可为数据品质管理的构成提供重要的指导方向。如果质量标准和管理流程复杂地结合在一起，则无法直接掌握提高特定流程会影响何种质量标准。只能解释为通过改善流程帮助提高总体质量。如果是这种情况，相比管理流程和质量标准间的关系，应首先掌握管理流程之间的先后关系并逐步提高质量。也就是说，流程之间存在先后顺序，只有先提高前面的流程，后面的流程才能得到提高。以此为基础，设定流程之间的层级，以管理的阶层为基础对管理流程的成熟度进行评测。

这种模型通过改善流程肯定能帮助提高质量,但难以跟踪具体对哪种质量标准产生影响。相反,如果质量标准和管理流程之间实现对接,就可知道为提高特定质量标准应改善何种流程,业务方面会得到更多帮助,以看得到的成果为基础提高质量。从质量标准和管理流程的相关关系分析结果可以看出,后者更接近目标,今后在提高成熟模型的精度时,也可推荐后者形式的模型。因此,这种成熟的模型是在"可以按质量标准识别相关管理流程"这一假定基础上得出的。

第三,构成数据质量管理标准诊断模型的第三个基础是管理流程的等级。管理流程的等级越高,越能够进行系统化和精细化的管理,相应质量标准也越能维持高品质。按不同的质量标准可评测出不同的管理流程等级。因为质量标准受不同管理流程的影响。管理流程的等级按1~5个阶段定义。

开发数据质量管理标准诊断模型并不只是为了评测现有质量标准,也是为提高质量时给出改善的方向。另外,也可根据对组织质量的认识,有选择性地提供适用的结构。根据重要性和可用资源,为组织的质量提高提供阶段性的长期方案。

6.2.2 数据质量管理标准

评价数据质量管理标准的六种质量标准分别为准确性、一致性、可用性、可达性、及时性和安全性。

1.数据准确性

第一,数据准确性的必要性。准确性质量标准即数据值的正确程度标准,亦即数据库中的数据是否按实际值保存。但是系统中的数据通常无法反映实际情况,数据提供人员有可能故意提供错误数据,而电话号码或地址等也会随着时间的推移发生变化。因此,确保准确性是指掌握实际值的来源,并为了能正确处理而持续地进行管理活动。也就是说,如果发现有错误数据,能追查数据来源和错误原因并进行修改的体系。

只有数据在确定的位置以确定的形态存在才能判断数据的准确性。因为无论数据如何正确,如果以用户不理解的形态存在或在无法找到的位置,都没有意义。确认数据准确性的前提条件是数据以确定的形态放在确定的位置。此外,应具有判断准确性的共同标准。这一共同标准也称为"数据标准",只有数据标准存在才能判断是否好好遵守。如果表面上接近数据准确性,但因为每个人的标准不同，对准确性的判断也会不同。因此，只有具有企业协商的准确性判断标准才能评测和管理准确性。

管理准确性即掌握要求准确性数据的对象，准确判断各管理对象必须具备的形态的标准，亦即准确性检验标准。重要的是，这种准确性管理对象和标准并不是随意决定的，而是通过管理员之间的协商确定并管理。

第二，数据准确性预期效果。如将准确性保持在高质量标准，以对来源数据的信任为基础能够更有效地处理业务，从单纯的基础数据应用到制定有效的经营战略，都可实现预期效果。

由于不准确的来源信息、输入人员的输入失误，流程错误引起的数据不准确等持续得到改善，能够为达到企业目标提供所需的高质量数据，不仅可以正确掌握现状，也可通过对累积的数据进行多方面分析提高对未来的预测能力，为制定合理的业务战略提供基础。

第三，数据准确性诊断项目。准确性质量标准与数据应用管理（准确性检验）数据标准管理（代码、域标准）数据所有权管理三个流程相关。数据应用管理（准确性检验）：定义准确性检验标准并持续检验正确与否的流程；数据标准管理（代码、域标准）：通过判断数据准确性的数据标准，设置并管理代码和域标准的流程；数据所有权管理：数据的实际所有者，通过了解学习和运用数据的负责人的数据质量管理流程，确保数据的可追溯性。

2.数据一致性

第一，数据一致性的必要性。一致性质量标准即数据之间保持统一性的标准。也就是说，检验不同位置的重复数据值是否总是一致，参照完整性数据之间是否严格遵守先后关系，具有业务相关性的数据之间是否会不一致等。

一致性低下的根本原因是定义不明确。定义不明确且未共享时以不同观点分析数据，由此数据在对接或执行时很有可能发生错误。数据用语、代码、域等的定义应从企业角度由相关人员经过经协商后发布，但实际因参与人员较多，企业业务范围较广，负责人的沟通能力也存在差异，所以很难制定所有人都同意的定义。

此时，虽然从企业角度进行统一定义比较重要，但只要定义了表或列，公开元数据管理系统等并将其共享更为重要。

标准在企业共享后，因实际业务中经常不遵守此标准，所以务必制定指导负责人定期检验检查并跟踪数据标准的流程。

当表或列定义混乱时，用户应用不准确的数据是创建错误数据的原因。因此，为保证数据的一致性，应总体定义企业数据结构和标准，并制定定期检查并管理数据结构和标准的流程。

数据标准和定义系统化后，选定数据一致性管理对象，定义可确认一致性的检查标准。

但是数据一致性通常反映业务规则，应与业务负责人进行充分协商。

未整合的数据、不一致的数据与定义规则相反的数据等会直接导致决策错误，因此，应将其作为重要的质量标准。

第二，数据一致性预期效果。如将一致性保持在高质量标准，以企业中明确且一致的数据定义为基础应用数据，可提高对来源数据的信任。对来源数据的信任正是与业务效率有直接关系的基础。与准确性一样，从单纯的基础数据应用到制定有效的经营战略，都可实现预期效果。此外，即使个别数据没有问题，数据之间不一致的话，也容易引起用户的混淆，明显降低数据的信任度。数据一致性是数据整合应用必备的质量标准。

第三，数据一致性诊断项目。一致性质量标准与结构管理（重复、参照完整性）、数据过程管理、数据标准管理（用语标准化）、数据所有权管理四个流程相关。结构管理（重复、参照完整性）：为了解和管理重复数据或相互关联的数据，掌握并管理企业数据结构的流程；数据过程管理：掌握企业中复杂的数据流向，对数据进行一致性处理的流程；数据标准管理（用语标准化）：为将数据在企业内统一定义而进行的标准化原则定义，通过标准化原则的标准定义，标准变更、标准使用控制等，保持数据的一致性并为用户应用提供便利性的流程；数据所有权管理：定义管理重复数据或相互关联的数据主体，为负责任的数据管理提供支持的流程。

3.数据可用性

第一，数据可用性的必要性。可用性即组织提供必需数据的能力。不仅评价业务执行过程中需要的结构化数据条件，也评价随时可能产生的非结构化数据条件的应用体系。

可用性降低的根本原因是未能系统管理要求。因不明确的条件定义，无法检验和确认制定的要求，要求变更时处理延迟，未遵守具体日程等，用户的不满会越来越多。

为解决此问题，相关当事人之间应充分协商后制定要求，经相关人员的同意定型并整理出明确的形式，并且通过持有权限的责任人之间的协商确定是否满足要求。在确定接受要求时，确定要求执行范围和优先顺序后，将要求按类型分类并共享处理细节。用户的反应也是判断可用性的重要因素，因此，应用条件后，应定期确认用户满意与否，以后也应定期监控改善情况和不满事项等。为灵活应对变化的数据条件，相比按条件变更数据结构，从企业观点整合管理数据结构并保持应对多种数据条件的灵活结构更为重要。

第二，数据可用性预期效果。通过可用性管理可系统应对用户的要求。特别是如果拥有可及时使用多种要求的灵活数据结构，就可通过快速应对环境变化，使业务的效率达到最大化。同时，可通过用户应用分析，实现用户和数据提供者之间的持续沟通，使数据应用环境保持最好的状态。

第三，数据可用性诊断项目。可用性质量标准与要求管理（功能性）、数据结构管理（结构灵活性）、数据应用管理（应用监控）等流程相关。定义和授权要求后，在数据结构中反映并将其结果通过应用监控评测用户的满意度。要求管理（功能性）：将用户的要求按功能分类，系统执行应对方案的流程；数据结构管理（结构灵活性）：执行数据结构管理并长期保持灵活结构，以快速应对新条件和变更条件而进行管理的流程；数据应用管理：监控用户的应用现状，评价用户满意度并执行满意度提升活动的流程。

4.数据可达性

第一，数据可达性的必要性。可达性质量标准即是否为用户提供可轻松使用想要数据的环境的标准。可达性可分为使用的方便性和检索的方便性两个观点。使用的方便性管理即对于信息系统提供的接口、帮助、客户支持等，无论是用户使用机构或组织内部信息系统还是外部信息系统，都能够轻松方便地使用数据。检索的方便性即提取并应用系统中想要的数据，根据所支持的各种相关功能和检索条件，确定检索结果和输出方式等是否正确合适。

可达性降低的根本原因是单位系统数据分散，用户查看不便、数据结构共享不足等，这样会导致难以读取分散的数据、信息系统使用不便引起用户不满，所需数据用户应用信息不足等问题。

为解决此问题，应使用户查看标准化、简单化，通过元数据与用户共享数据结构，以整合各单位系统中分散的数据，进行与之相关的用户应用培训。

第二，数据可达性预期效果。通过管理可达性，企业数据可统一进行应用，通过用户查看系统化管理，数据读取更加方便，用户的数据应用满意度也能提高。此外，以积累的数据为基础创建的附加价值，可为用户提供直接应用环境。

第三，数据可达性诊断项目。可达性质量标准与用户查看管理、结构管理（整合）等流程相关。通过标准化及更加方便的用户查看，为用户提供企业整合数据结构。用户查看管理：管理用户和数据之间结构的流程；数据结构（整合）：将多个系统中分散的数据整合成具有一致性观点的数据流程。

5.数据及时性

第一，数据及时性的必要性。及时性质量标准是指为响应时间、运行速度等性能方面，以及最新数据等非及时要求方面提供数据周期的标准。

及时性降低的根本原因是用户要求和数据流量周期、数据库性能等无法得到及时管理。通过之前数据做出重要决策，不仅会降低企业竞争力，还会造成重大损失。

为解决此问题，应充分掌握用户关于及时性的需求，并对及时性的合理标准进行定义，通过对数据提供速度的持续监控，改善服务器、网络、数据库等硬件性能，并对程序、查询、数据结构等软件进行改善，同时，通过优化数据流量的周期和先后顺序调整等快速提供最新数据。

第二，数据及时性预期效果。通过及时性管理，不仅能更有效地分配和应用企业支持，还可通过提供最新数据，让企业快速且正确地做出决策，提高业务执行效率。

第三，数据及时性诊断项目。及时性质量标准与要求管理（非功能性）、数据流量管理（流量周期）、数据库管理（性能）等流程相关。要求管理（非功能性）：非业务条件的处理时间、响应时间，数据提供周期等要求管理流程；数据流量管理（流量周期）：从源到目标的数据流量执行时期、执行周期等管理流程；数据库管理（性能）：监控数据处理操作，优化性能的调试流程。

6.数据安全性

第一，数据安全性的必要性。数据是执行业务必需的重要支持，因此，只有保证数据的安全才能更有效地执行业务。安全性是将数据视为主要资产，在面对组织内外非法和不认可的威胁时保护数据的活动。为了在不认可数据的一系列行为中安全保护数据，不仅要对数据本身进行物理控制，也需要组织整体制定保护数据的政策和制度。

强调安全性时，会认为将妨碍可用性，导致很多无法正常执行的情况。实际上，这是没有进行系统化的安全保护而产生的现象，反而在进行系统化的安全保护时，用户和管理员能够更好地进行生产。因此，要强调安全性，安全性标准越高，越能在无法预测的威胁下保护资产。

为提高安全性，应根据方针和流程存取数据时需要制度化的东西，规定方针和流程保障系统化的安全措施。

第二，数据安全性预期效果。通过数据安全管理，可降低无法预测的危险和侵害发生的可能性，发生侵害事故时，以尽可能少的恢复程序快速恢复，提高数据的可用性。这是确保数据业务连续稳定执行的必要因素。

第三，数据安全性诊断项目。安全性质量标准与数据安全管理的管理、技术流程相关。安全管理：为使数据库中保存的数据无错误、无损坏稳定服务，持续管理数据库的数据创建和变更、备份的流程；安全政策制定步骤和相关执行流程；通过技术措施进行执行控制、加密、操作批准、弱点分析等多方面数据安全流程。

6.3 数据质量管理业务与标准评价

6.3.1 数据质量管理业务

数据质量管理业务大体分为六种。

1.需求管理

定义：需求管理即通过数据质量评价项目中使用的主要流程等数据，收集并分类用户全部相关请求和系统要求进行反应操作。

详细管理业务如下。

第一，功能条件管理。收集功能业务条件，通过分析确定优先顺序等，经过与管理员协商采取必要措施的业务。

第二，非功能条件管理。非功能业务条件的处理时间、响应时间，数据提供周期等管理执行业务。

2.数据结构管理

定义：数据结构管理即通过保持数据质量一致性的主要业务，根据监控原则和标准，进行数据模型定义和模型变更，保持数据模型和表之间的一致性，保持数据的一致性。

详细管理业务如下。

第一，灵活性管理。条件增加和变更时可对应的灵活结构设计。

第二，重复管理。系统持续增加变更的过程中，相同数据重复应用的情况越来越多。原则上，相同数据只在相同位置管理比较好，但是因技术限制或不同的管理目的，有时不得不进行重复管理。但是重复数据之间如果不一致可引起业务混乱。如果无法避免数据重复，应正确掌握重复数据现状，了解引起数据不一致的因素，保持数据一致性。

第三，参照完整性。所谓"参照完整性"，相关表的记录之间的关系以有效规则阻止用户因失误删除或修改数据。设置参照完整性的条件是只可识别相关表中一致的数据。

第四，整合管理。如果将数据结构在个别系统中进行管理，虽然可有效支持相应系统，但难以对数据进行整合应用。此外，如果数据之间的接口变多，对于需要多个系统共同应用的数据，也需考虑企业立场进行管理。以企业观点分类和管理数据，可使数据之间的接口更容易，使数据的综合应用最大化。

3.数据流量管理

定义：数据流量管理即通过数据质量评级项目中及时性的主要业务，从源到目标进行数据流量定义、数据流量监控、流量提高等一系列业务。

详细管理业务如下。

第一，流量周期管理。管理从源到目标的数据流量执行时期、执行周期等。

第二，数据代谢管理。管理从源到目标的数据流量中为检验数据完整性从源到目标的数据代谢功能。

4.数据库运营管理

定义：数据库运营管理是指在数据质量评价项目中，把及时性和安全性作为主要业务来实现有效的数据服务支持。

详细管理业务如下。

第一，数据性能管理。对于数据库中保存的数据，为使用户想要的数据在想要的时间以想要的状态正确稳定地服务，进行管理监控数据处理操作和优化性能的调试活动等。

第二，数据运营管理。通过数据库的运营管理，使数据库中保存的数据无错误、无损坏稳定服务，持续管理数据库的数据创建和变更、安全、备份。

5.数据应用管理

定义：数据应用管理作为数据质量评价项目中准确性和可用性的主要业务，检验数据应用相关数据的准确性，通过监控数据应用情况，增强用户的数据应用。

详细管理业务如下。

第一，准确性检验。准确性检验即通过定义数据质量管理原则、检查数据质量、提炼数据等业务，为用户提供高质量的数据。通过对数据质量进行管理，可预防数据错误，过滤数据应用中可能产生的错误数据，使整个系统的数据保持高质量。

第二，应用监控。通过定期监控数据应用现状，强化对使用频率较高的数据的支持，通过对使用频率较低的数据进行原因分析，执行改善活动，提高用户的满意度和数据的应用程度。

6.数据标准管理

定义：数据标准管理作为数据质量评价项目中一致性和准确性的主要业务，根据数据标准化原则定义标准化原则，系统管理标准定义标准变更、标准使用控制等全部过程，保持数据的一致性，为用户应用提供方便。

详细管理对象如下。

第一，标准用语管理。标准用语即组合业务中使用的单词。通过定义标准用语词典，可最大限度减少组织内部相互不同的业务之间需要进行沟通时，对用语的理解不足或用语混乱导致的问题。

第二，域标准管理。域标准管理即数据中有意义的值的范围，标准域将企业使用的理论上、物理上类似的有形数据进行分组，定义相应分组中数据的类型和长度。代码标准管理即根据为可能出现的多种数据值定型而定义的标准，通过有限范围内的记号进行替换。标准代码不仅指各产业共同使用的法律、制度上赋予的代码，也指组织内部定义使用的代码。

6.3.2 数据质量管理标准评价

数据质量标准分为准确性、一致性、可用性、可达性、及时性和安全性六种标准，按各标准评测数据质量管理的标准，给予标准内五个阶段的评测，为达到高一级的标准应满足基础的低一级标准阶段。

阶段一：入门。该阶段为数据质量管理的初期阶段，虽部分了解数据质量管理问题和必要性，但因标准不完善及没有定型化的流程等，数据质量主要取决于每个负责人的能力。数据质量发生错误的可能性较高，也不具备恢复系统事故的对策方案。

阶段二：定型化。该阶段为进行数据质量管理的基础（流程、解决方案等）定型化阶段，定义进行数据质量管理的政策、规定和制度，并据此进行基本的质量管理。数据质量可基本应对遗漏和错误，定义数据标准在单位系统和部分组织中使用，执行基本运营活动的标准。

阶段三：整合化。该阶段为从企业联系和整合观点出发，对具有一致性的数据进行质量管理，提供无遗漏和错误数据服务的阶段，从企业角度整合数据质量管理。此阶段的数据不会发生遗漏或错误，数据标准在组织中得到整体反映，元数据将被应用，在数据要素之间确立联系。持续的性能、安全、事故恢复等流程相对稳定并执行改善操作。对数据质量进行定性管理，但运营成果不定量。

阶段四：定量化。该阶段为数据质量管理通过统计技术或定量评测方法管理的阶段，可持续安全地维护流程并可进行预测，确认是否达成质量目标。

阶段五：最优化。该阶段为持续导出并执行质量管理流程的改善情况，通过评价进行事后管理的阶段，以目前观点不仅达到最优化，还可通过不断努力改善，灵活处理未来环境变化的标准。

6.4 数据质量管理活动与作用

6.4.1 管理员的质量管理活动

数据权限和流量管理流程提供分析数据错误原因所需的信息，数据质量计划流程提供设置数据质量标准的数据质量标准目标或准则。

1.企业数据架构管理

数据分散在组织内，如不对其进行系统管理则无法确保数据质量。企业数据架构管理包含对组织整体应用数据的内容，执行内外业务时为确保适当质量应具备何种形态的定义。此外，应掌握这些数据在各系统中以何种形态分散，使重复数据不会出现不一致的情况。

（1）功能方面

企业数据架构管理在功能方面属于数据应用，有企业数据概念模型和企业数据标准管理两种主要活动。

企业数据概念模型。构成的企业数据中只选择共享或需要管理的项目作为模型，即企业数据模型中具有代表性的一部分。

企业数据标准管理。作为所有企业数据结构应遵守的规定，应适用于所有数据。

（2）作用方面

企业数据架构管理在作用方面属于管理员角色，主要有以下两种重要作用。

企业协调作用。将大家的意见收集成一个，此作用最为重要。此外，将收集的意见放置在可控制所有人（包括IT，现行所有部门）的位置。数据质量由现行业务控制的要素较多，一定要有协调并控制IT领域以及现行业务当事人的权限。

企业共享和保持作用。将数据概念模型和数据标准作为确保质量的方向共享，数据结构变更时，起到保持概念模型和应用系统之间的映射等持续管理作用。

（3）流程间的联系

企业数据架构管理和数据质量计划：企业数据架构体现企业的数据结构，可以此结构为基础制订质量计划。制订的质量计划中将重要事项作为企业数据概念模型的管理对象，同时也应管理企业数据标准。

企业数据架构管理和数据权限与流量管理：企业数据架构体现企业的数据结构，可以此结构为基础设置所有权。解决设计数据错误过程中，数据权限/流量变更时应将其反映在企业数据架构中。

企业数据架构管理和数据设计：企业数据架构为数据设计提供数据标准和概念模型等标准。

2.数据质量计划

了解组织内外不同的质量目标时，需要确定统一质量目标的方向。此外，为达到制定的数据质量目标，需要设置具体的执行方案。

（1）功能方面

统一的目标设置和管理：收集组织中的不同质量目标，以相同方向制定集中的质量目标。此外，为执行并实现这一质量目标进行持续的管理。

掌握可实现的管理对象和制订计划：为达成设定目标需要识别所需的具体对象并制订改善此对象的执行计划，具体的质量计划包括导出课题、计划日程、确保支持、制定方法等。

（2）作用方面

可控制质量目标对象的位置。数据质量计划应在可控制质量目标管理对象和支持的位置执行。

与最高管理层沟通后可确保推进作用的位置。与最高管理层沟通质量目标和质量管理进行情况，关注组织整体数据质量目标，确保可一致进行的位置。

（3）流程间的联系

数据质量计划和企业数据架构管理：数据质量计划的结果可反映在企业数据架构中。

数据质量计划和数据权限与流量管理：数据质量计划的结果可反映在数据权限和流量管理中。

数据质量计划和数据质量标准设置：数据质量计划为数据质量标准设置提供执行范围、执行方法、执行日程等。

3.数据权限和流量管理

数据并不是独立存在的，而是与多个部门联系起来应用的，因此，掌握数据应用以何种方式进行在数据质量管理中尤为重要。如果掌握数据和用户之间的联系，就可明确理解用户的质量条件，同时，可对数据质量错误进行负责任的处理。此外，如果掌握实际操作数据的应用程序或数据之间的流量，就可分析数据错误导致的影响并跟踪相关项目，从而完美修正错误。有多名数据处理人员时，需要一名数据质量负责人。

（1）功能方面

数据流量掌握。掌握数据之间的联系，使多个应用系统中分散的数据具有相同属性和值的活动。了解一个地方发生变更或出现数据错误会给其他应用系统带来何种影响。

权限分配。将分散的数据指定给整合管理负责人。数据值部分变更时在所有相应应用系统中进行反映。

（2）作用方面

将使用相同数据的现行业务控制在可减少权限的位置。

导入新系统或变更数据流量时，应在可调整或控制的位置。

（3）流程间的联系

数据权限和流量管理以及企业数据架构管理：进行数据权限和流量管理前应先进行企业数据架构管理。

数据权限和流量管理以及数据质量计划：数据权限和流量管理配合质量计划调整权限和流量。

数据权限和流量管理以及数据错误原因分析：数据权限和流量管理在数据错误原因分析中的应用。

6.4.2 控制人员的质量管理活动

控制人员的质量管理活动由数据设计、数据质量标准、数据错误原因分析三种活动构成。为使执行人员阶层的质量管理活动有效执行，这些流程起到了控制和调整的作用，包括在数据设计流程中改善数据结构或格式等，数据处理为保持质量提供支持，并在数据质量标准设置流程中提供评价标准和方法，以评测数据质量。数据错误原因分析是掌握数据错误根本原因，防止再次发生数据错误的业务流程。

1.数据设计

质量错误有用户质量错误和结构性质量错误两种，用户质量错误通过系统解决具有一定限制，但结构性错误可通过系统中的数据设计解决。相反，如果发生结构性质量错误，因为在使用过程中进行修正比较困难，所以应在初期设计过程中充分考虑质量。特别是只从特定应用系统角度进行数据设计时，可降低企业共享的数据质量。因此，应从企业观点出发，充分考虑其他应用系统的数据关联。

（1）功能方面

考虑质量的数据设计。数据设计过程中为确保数据质量定义要求的格式或范围等。此外数据设计还应充分反映用户的需求。

与企业数据架构的联系。以数据设计为基础体现数据库，数据库结构条件发生变更时保持与企业数据架构的管理关系进行数据设计和变更。

（2）作用方面

内部作用。应经过应用系统用户和管理员的充分协商，放在可反映质量要素的位置。

外部作用。应放在可协商其他应用系统和数据联系的位置。

（3）流程间的联系

数据设计和企业数据架构管理：将数据设计的结果反映在企业数据架构管理中。

数据设计和数据处理：以数据设计为基础进行数据处理。

数据设计和数据质量标准设置：以数据设计为基础定义数据质量标准。

2.数据质量标准设置

为具体执行数据质量计划提供适合用户环境的标准是必须的。相关人员需系统收集并整理现有的偶尔执行且多人分散持有的质量标准，定期设置定型形态，并以此正式提出质量问题并分配所需支持，具体执行质量评测活动。

（1）功能方面

质量标准设置。质量标准是与用户经过协商达成一致意见的实际标准。为确认满足数据质量标准，对详细的评测对象数据、评测标准和方法进行详细设置。

各标准质量标准检验。检验各数据质量管理对象是否满足数据质量标准，根据需要将检验结果反映在数据质量标准中。

（2）作用方面

数据质量标准设置应在可反映数据用户质量要求的位置执行。此外，应经过数据管理员的充分协商，在达成共识的情况下进行。

（3）流程间的联系

数据质量标准设置和数据质量计划：数据质量标准设置执行数据质量计划的下级操作。

数据质量标准设置和数据质量评测：以数据质量标准为基础进行数据质量评测。

3.数据错误原因分析

只修改发现的错误数据的值时，随时都可能再次发生相同错误。因此，应掌握数据错误发生的根本原因，并采取必要措施。出现数据错误有多种原因，虽然有的短时间内可以处理，但也有的需要在长时间内根据计划按阶段消除。

（1）功能方面

数据错误原因分析和删除。为有效删除数据错误，应掌握数据结构、数据标准、数据流量等存在的根本原因，采取措施防止再次发生相同错误。如果跟踪之前的错误原因和详细解决方案，可有效处理错误。

数据错误预防活动。应进行预防活动，防止相同类型的错误在其他地方再次出现。如果需要调整数据权限（所有权）或数据流量等，应与负责人协商后系统掌握可能导致错误的原因（数据本身、组织、数据流量等），然后进行预防活动。通过对错误原因进行分类，采取制作方针、对相关人员进行教育等措施防止错误再次发生。

（2）作用方面

应从企业角度进行数据错误原因分析，在可跟踪的位置对相关数据、系统、用户等进行跟踪。

此外，对数据错误原因采取措施时也应在可行位置进行。

（3）流程间的联系

数据错误原因分析和数据权限与流量管理：为进行数据错误原因分析，应确保数据权限和流量管理，即根据原因分析结果申请调整数据权限和流量。

数据错误原因分析和数据错误修正：根据数据错误原因分析结果要求对数据错误修正的相关数据值进行修正。

数据错误原因分析和数据质量标准设置：将数据错误原因分析的结果反映在数据质量标准中。

数据错误原因分析和数据设计：数据错误原因分析的结果在需要变更数据设

计时进行反映。

6.4.3 执行人员阶层的质量管理活动

执行人员阶层由数据处理、数据质量评测、数据错误修正三种质量管理活动构成。这三种质量管理活动按顺序进行，首先根据数据处理方针进行数据创建、查询、变更、传达、删除等数据处理流程，为了查找未从这些流程中发现的隐藏数据错误，应实时并定期进行数据质量评测。在数据质量评测流程中发现数据错误时，执行数据错误修正流程。

1.数据处理

数据处理的主要执行人员即数据用户。数据用户的疏忽和理解不足是直接影响数据质量的主要因素，经常由此导致数据质量错误。需要从数据质量观点为数据用户提供应用方针，输入错误值时能找到输入负责人。此外，应能跟踪系统处理的详细信息，并进行管理。

（1）功能方面

数据处理：遵守质量相关数据处理方针执行数据的创建、查询、变更、传达、删除等活动。根据应用程序处理数据时，应遵守质量方针，明确了解数据处理部分。

数据处理记录：记录并保存数据用户、使用时间、使用详细信息等，以跟踪数据处理详细信息。

（2）作用方面

数据处理通过多个业务和阶层中的多名人员进行，很难系统管理。因此，数据处理和质量管理应按用户进行特殊处理。此外，对于质量要求高的数据，需要由进行恢复操作的相关人员进行重复数据质量确认操作。

（3）流程间的联系

数据处理和数据设计：数据处理过程中发生额外质量问题时反映在数据设计中。

数据处理和数据质量评测：针对数据处理的结果进行数据质量评测。

2.数据质量评测

数据处理过程中因用户错误、应用程序错误、流程错误等有时会无法发现问题。因此，为解决此问题需要进行系统的质量评测。此外，有时特定数据随着时间的推移会失去意义，因此，应设置数据质量评测周期。数据质量应在数据处理后尽快执行，但是也可根据业务特性调整质量日程。

（1）功能方面

数据质量评测：根据数据质量对象、标准和方法，通过评测工具或人员对检验事项进行评测。如果是单纯的反复数据，可使用评测工具，但是如果是复杂数据，则应通过评测人员的判断诊断是否错误。

对数据质量评测结果的统计处理：在分析数据错误原因时，尽可能对评测结果进行保存和统计处理。

（2）作用方面

应在可行位置对数据进行数据质量评测。

数据质量评测和数据质量标准设置：根据数据质量评测结果可调整数据质量标准。

数据质量评测和数据错误原因分析：通过数据质量评测发现的错误数据和统计资料传达给数据错误原因分析。

数据质量评测和数据错误修正：为修正通过数据质量评测发现的错误数据而将其传达给数据错误修正。

3.数据错误修正

此流程中根据质量评测结果和错误原因分析结果进行修正。此时相比于只修正发现的数据错误部分，更需要找到其他地方重复的相同或有关联的全部数据错误进行修正。此外，需要使有关联的数据保持一致性。

（1）功能方面

修正数据错误：根据质量评测结果和错误原因分析结果修正发现的错误，跟踪有关联的数据修正所有相关错误。

共享修正详细信息：修正错误数据后应将修正前后的数据内容明确告知相关人员，通过这一措施避免数据运用造成混乱。

（2）作用方面

数据错误修正应经过与有权限的相关人员协商在可行位置进行。此外，应对数据错误修正情况进行管理。特别是应提供相关人员可共享错误和修正详细信息的环境。

（3）流程间的联系

数据错误修正和数据错误原因分析：跟踪数据错误修正的结果在数据错误原因分析中的应用。

数据错误修正和数据处理：数据错误修正的结果可按照数据处理的方针进行反映。

6.5 数据质量管理技术

数据质量管理是确保数据在整个生命周期中始终保持高质量的一系列活动。这包括数据收集、存储、处理和分发等方面。在本节中，我们将深入研究数据质量管理的关键措施，包括数据校验、数据质量评估、数据清洗等多个方面。

6.5.1 数据校验

1.输入校验

实施强大的输入验证机制，防范无效、错误或恶意输入。这可以通过正则表达式、数据格式验证和范围检查等手段实现。有效的输入验证可以避免不正确的数据进入系统，提高整体数据质量。

（1）格式验证

确保数据遵循指定的格式，例如日期、邮件地址、电话号码等。这可以通过使用正则表达式或内置的格式验证函数来实现。

（2）范围检查

检查数据是否在预定义的范围内，防止数据超出合理的取值范围。根据数据的取值范围和业务规则，设定合理的边界值，检查数据是否在有效范围内。防止超出范围的数据造成异常和错误。

（3）长度验证

验证数据字段的长度是否符合要求，防止输入超过指定的字符数。这对于数据库字段和文本输入框等场景非常重要。

2.逻辑校验

进行逻辑校验以确保数据符合业务规则和逻辑关系。这包括检查日期的合法性、确保关联数据的一致性等。逻辑校验有助于防止数据的不一致性，保持数据的完整性。

（1）业务规则验证

应用业务规则，确保数据符合业务逻辑和规定的标准。例如，检查订单中产品数量是否大于零，以确保业务逻辑的一致性。

（2）依赖关系检查

验证数据之间的依赖关系，确保关联数据的一致性。例如，在数据库中执行外键约束来保证关联表的数据完整性。

（3）唯一性校验

唯一性校验是检查数据的唯一性，确保数据的唯一标识。通过唯一标识符，如主键、身份证号等，确保数据在数据库或其他存储介质中不重复。

（4）关联性校验

关联性校验是检查数据之间的关联关系是否正确。根据数据之间的逻辑关系和依赖性，验证数据之间的关系是否符合预期。如父子关系、关联表之间的外键约束等。

3.异常值处理

（1）异常值检测

使用统计方法或规则引擎检测异常值，防止无效或不合理的数据进入系统。这有助于提高数据的可信度和准确性。

（2）容错机制

实施容错机制，使系统能够处理输入中可能存在的错误。例如，在用户输入中检测到错误时，提供清晰的错误信息和建议修复方法。

4.数据合法性检查

（1）数据类型检查

确保数据类型与字段定义相匹配，防止不同类型的数据错误地存储在同一字段中。这有助于保持数据的一致性。

（2）重复项检测

检测并防止数据中的重复项。这可以通过使用唯一索引或通过执行查询检测相似的数据记录。

5.自动化测试

（1）单元测试

实施单元测试，验证数据校验逻辑的正确性。这包括编写测试用例，涵盖各种可能的输入情况，以确保数据校验功能的稳健性。

（2）集成测试

进行集成测试，确保各组件和系统之间的数据传递与校验工作正常。这有助于发现系统级别的数据问题。

综上所述，数据校验是确保数据质量的基础，关键技术涵盖格式验证、范围检查、逻辑校验、异常值处理、数据合法性检查和自动化测试等方面。通过综合应用这些方法和技术，组件可以有效地防止无效或错误的数据进入系统，提高整体数据质量。

6.5.2 数据质量评估

数据质量评估是组织确保其数据满足准确性、完整性、一致性、可靠性和时效性等标准的关键活动。通过综合应用多种方法和技术，组织可以全面了解数据的质量状况，并采取相应措施提高数据质量。在本文中，我们将深入研究数据质量评估的主要方法和关键技术。

1.制定数据质量标准

（1）明确定义数据质量标准

制定和明确定义数据质量标准是数据质量评估的起点，包括准确性、完整性、一致性、可靠性、时效性等多个维度。标准的制定需要综合考虑业务需求、法规合规性以及组织内部的数据使用场景。

（2）业务参与

确保业务部门的参与，他们对数据质量标准的定义和理解至关重要。业务用户可以提供对数据的专业知识，有助于确保制定的标准能够真正反映业务需求。

2.数据质量度量

（1）选择适当的度量指标

根据制定的数据质量标准，选择适当的度量指标对数据质量进行量化评估。常见的度量指标包括准确性、完整性、一致性、可靠性和时效性等。每个指标都应该与业务目标和使用场景相匹配。

（2）数据质量度量工具

使用专业的数据质量度量工具，帮助组织自动收集、分析和报告数据质量指标，包括数据准确性、缺失值、重复项、异常值等方面的度量。这些工具能够提供实时的、细致的度量结果，使组织能够更好了解数据质量状况。

3.数据抽样和分析

（1）随机抽样

通过随机抽样技术，从数据集中选择一部分数据进行分析。通过抽取具有代表性的样本，在大型数据集中有效地评估数据质量，以减少评估时间和计算成本。

（2）统计分析

应用统计方法对数据进行分析，探索数据的分布、趋势和异常情况。统计分析有助于识别潜在的问题和改进点，使数据质量评估更为深入。利用数据分析工具，可以对数据进行深入分析和可视化展示。通过数据透视表、图形化仪表板等手段，快速发现数据中的异常和问题，提高评估效率。

4.数据质量维度分析

（1）准确性分析

通过比对数据与实际情况或参考数据源，评估数据的准确性。这可能涉及使用验证规则、数据比对算法和数据采样等方法。

（2）完整性分析

检查数据是否完整，是否缺失了重要的信息。这可能包括对缺失值的检测和分析，以及数据记录的完整性检查。

（3）一致性分析

通过比较不同数据源或数据集中的相似字段，评估数据的一致性。一致性分析有助于发现不一致或冲突的数据，提高数据的一致性水平。

（4）可靠性分析

评估数据的可靠性，即数据在不同条件下是否能够保持一致。这可能涉及测试数据集的可重复性、数据采集系统的稳定性等。

（5）时效性分析

评估数据的时效性，确保数据在业务过程中保持最新。时效性分析可能涉及数据更新频率的评估和对数据传递的延迟分析。

5.数据质量报告

（1）实时报告

建立实时报告机制，及时向利益相关方汇报数据质量状况。这可以通过仪表板、报表或自动化报告工具实现。

（2）定期报告

定期发布综合的数据质量报告，汇总数据质量度量结果和分析结论。定期报告有助于追踪数据质量的长期趋势，并为决策者提供持续改进的建议。

6.数据质量治理

（1）制定数据质量治理策略

建立明确的数据质量治理策略，确保数据质量评估的结果能够转化为实际的改进措施。这可能涉及责任的明确、流程的优化和技术的升级等方面。

（2）持续流程及指标改进

将数据质量评估的结果与组织的持续改进流程相结合。及时采取纠正措施，更新数据质量标准和度量指标，以确保数据质量的不断提高。

（3）数据质量元数据管理

文档化数据质量元数据。维护数据质量元数据，记录数据质量评估的所有过程、方法和结果。这有助于形成数据质量的历史记录，为未来的评估提供参考。

（4）数据质量工具整合

将数据质量评估的结果整合到元数据管理工具中，与其他数据管理工具相互连接。这有助于在整个数据生命周期中跟踪数据质量的变化，从而更好地管理和维护数据的质量。

（5）机器学习和人工智能

引入机器学习算法。利用机器学习算法进行数据质量评估，特别是在大规模数据集中。机器学习可以帮助识别潜在的数据质量问题，发现模式和异常，提高数据质量评估的效率。

（6）自动化数据质量分析

使用人工智能技术，自动执行数据质量分析。这包括自动检测和修复异常值、识别数据模式、预测潜在问题等。自动化数据质量分析可以减轻人工工作负担，提高数据质量评估的精度。

（7）实施数据质量框架

建立综合的数据质量框架，将评估方法和技术整合到一个一体化的系统中。数据质量框架包括流程、工具和标准，旨在为数据质量评估提供全面的支持。

（8）数据质量度量仪表板

设计数据质量度量仪表板，以可视化的方式呈现数据质量指标。这有助于各级别的利益相关方更直观地了解数据质量的状况，促使及时的决策和改进措施。

（9）数据质量监控

实时监控。建立实时监控机制，定期检查数据质量度量和标准。实时监控有助于及时发现潜在的问题，减少数据质量问题对业务决策的影响。

自动化监测。采用自动化工具进行数据质量监测，以降低人为错误和提高监测的效率。自动化监测可以实时识别和报告数据质量问题，使组织能够更迅速地做出反应。

（10）数据质量改进

数据清洗。异常值处理。实施异常值检测和处理机制，及时识别和修复异常值。这可能涉及使用统计方法、规则引擎或机器学习模型来检测潜在的异常值，并采取适当的纠正措施。

重复项处理。识别和处理重复数据，以确保数据的唯一性。这可以通过使用唯一键或使用算法来检测相似的数据记录。清理重复项有助于避免冗余信息，提高数据的一致性。

持续改进流程。建立持续改进的流程，根据数据质量评估的结果不断调整和改进数据管理流程。这可能包括更新标准、改进数据收集方法、提高数据输入验证等。

数据质量培训。为团队成员提供数据质量培训，增强其对数据质量的认识和重视。合格的团队能够更好地执行数据管理流程，减少错误和提高数据质量。

通过应用上述方法和技术，组织可以更全面、深入地评估其数据质量。数据质量评估是一个不断迭代和改进的过程，需要定期审查和更新评估方法，以适应不断变化的业务需求和技术环境。通过建立明确的数据质量标准、使用先进的度量工具和整合新兴技术，组织可以更好地管理和提高其数据质量水平，从而为业务决策提供更可靠的数据支持。

第7章　数据安全管理制度

组织应制定不同层面的科学合理的数据安全管理规章制度并严格落实，全面覆盖数据收集、存储、使用、加工、传输、提供、销毁各环节相关的安全保护。

7.1 数据安全管理基本原则

根据《信息安全技术 大数据安全管理指南》（GB/T 37973—2019），组织数据安全管理有八大基本原则。

原则一，职责明确。组织应明确不同角色及其数据活动的安全责任。设立数据安全管理者；根据组织使用、数据规模与价值、组织业务等因素，明确担任数据安全管理者角色的人员或部门，可由业务负责人、法律法规专家、IT安全专家、数据安全专家组成，为组织的数据及其应用安全负责。明确角色的安全职责。明确数据安全决策者、管理者、执行者、使用者、监督者，以及数据安全相关的其他角色的安全职责；明确主要活动的实施主体。明确数据主要活动的实施主体及安全责任。

原则二，安全合规。组织应制定策略和规程确保数据的各项活动满足合规要求。理解并遵从数据安全相关的法律法规、合同、标准等；正确处理个人信息、重要数据；实施合理的跨组织数据保护的策略和实践。

原则三，质量保障。组织在采集和处理数据的过程中应确保数据质量。采取适当的措施确保数据的准确性、可用性、完整性和时效性；建立数据纠错机制；建立定期检查数据质量的机制。

原则四，数据最小化。组织应保证只采集和处理满足目的所需的最小数据。在采集数据前，明确数据的使用目的及所需数据范围；提供适当的管理和技术措施保证只采集和处理与目的相关的数据项和数据量。

原则五，责任不随数据转移。当前控制数据的组织应对数据负责，当数据转移给其他组织时，责任不随数据转移而转移。组织应对数据转移给其他组织造成的数据安全事件承担安全责任；在数据转移前进行风险评估，确保数据转移后的风险可承受；通过合同或其他有效措施，明确界定接收方接受的数据范围和要求，确保其提供同等或更高的数据保护水平，并明确接收方的数据安全责任；采取有效措施，确保数据转移后的安全事件责任可追溯。

原则六，最小授权。组织应控制数据活动中的数据访问权限，保证在满足业务需求的基础上最小化权限。赋予数据活动主体的最小操作权限和最小数据集；制定数据访问授权审批流程，对数据活动主体的数据操作权限和范围变更制定申请与审批流程；及时回收过期的数据访问权限。

原则七，确保安全。组织应采取适当的管理和技术措施，确保数据安全。对数据进行分类分级，对不同安全级别的数据实施恰当的安全保护措施；确保数据平台及业务的安全控制措施和策略有效，保护数据的完整性、保密性和可用性，确保数据生命周期的安全；解决风险评估和安全检查中发现的安全风险与脆弱性，并对安全防护措施不当所造成的安全事件承担责任。

原则八，可审计。组织应实现对数据平台和业务各环节的数据审计。记录数据活动中各项操作的相关信息，且保证记录不可伪造和篡改；采取有效技术措施保证对数据活动的所有操作可追溯。

7.2 数据安全管理制度要求

《信息安全技术 数据安全能力成熟度模型》（GB/T 37988—2019）对组织数据安全管理制度"充分定义"等级的要求如下。

应明确数据安全部门或岗位的要求，明确其工作职责，以及职能部门之间的协作关系和配合机制。

应明确数据安全追责机制，定期对责任部门和安全岗位组织安全检查，形成检查报告。

应明确数据服务人力资源安全策略，明确不同岗位人员在数据生存周期各阶段相关的工作范围和安全管控措施。

应明确组织层面的数据服务人员招聘、录用、上岗、调岗、离岗、考核、选拔等人员安全管理制度，将数据安全相关要求固化到人力资源管理流程中。

7.3 数据安全管理制度体系

根据以上要求，数据安全管理制度体系主要包括以下方面：明确本单位的数据安全总体策略、方针、目标和原则；建立数据分类分级、数据访问权限管理、数据全生命周期管理、数据安全应急响应、数据合作方管理、数据脱敏、数据加密、数据安全审计等制度；建立关键岗位的数据安全管理操作规程；建立大数据平台和大数据应用的安全制度；根据不同的数据安全级别，在全流程数据处理中建立相应的审批流程。具体内容如下。

制定制度。根据职责范围的不同，分别制定不同层面的科学合理的数据安全管理规章制度并严格落实，全面覆盖数据收集、存储、使用、加工、传输、提供、销毁各环节相关的安全保护，包含数据安全管理职责分工、管理要求、工作流程等内容。

制定标准。依据有关规定和标准规范，结合工作实际，研究制定安全中心数据安全检查标准和要求。

数据安全评估。组建数据安全评估组织架构，对数据使用事项及相关技术方案、管理措施等进行综合评估，防范数据安全风险。

常态化管理。对数据实施分类分级保护；建立技术监测手段，及时发现数据处理过程中的异常情况，并采取相应的处置措施；跟踪数据接入和使用情况；开展数据安全风险隐患安全自评估和整改工作，堵塞潜在漏洞，防范各类数据安全事故。

权限管理。严格控制数据使用权限，保证在满足业务需求的基础上最小化授权。授予使用敏感数据的人和系统以最小操作权限与最小数据集，并及时回收过期的数据使用权限。

安全审计。数据处理活动应建设审计手段，记录操作人、操作IP、操作时间、操作指令等审计日志并长期保存，确保能够事后核查追溯。

合作单位管理。对数据合作单位（包括服务部门、外协单位等）的数据安全能力进行评估或监督，并在合同或协议中明确数据使用目的、数据使用权限、安全保护责任及保护措施、保密约定及违约责任等内容；加强外协人员管理，严禁外协人员非授权访问数据。

数据资产备案。明确数据资产备案的标准和要求，按要求报备信息系统数据资产情况并定期更新，报备内容包括但不限于业务系统情况、数据资产情况、数据权限管理情况、数据对外用途、数据对外创收情况、外协团队情况等。

数据安全检查。管理方应强化数据安全管理过程监督，建立常态化数据安全监督检查机制。每年至少组织一次覆盖全面的数据安全检查评估工作，视情组织开展专项检查。

监督审查。定期对数据安全保障情况、数据使用情况等开展监督审查，确保数据活动的过程和相关操作符合安全要求。

教育培训。依据有关规定和标准规范，定期或不定期组织开展数据安全管理教育培训，包括数据安全相关管理制度、检查评估标准及相关专业知识和技能等方面。

支撑保障。为数据安全工作提供人力、物力、财力保障，做好数据管理相关支撑保障工作。

7.4 已出台的数据安全管理制度

国家网信办近年先后出台《网络安全审查办法》《互联网信息服务算法推荐管理规定》《数据出境安全评估办法》《互联网信息服务深度合成管理规定》《生成式人工智能服务管理暂行办法》等政策法规，从网络安全审查及算法推荐、深度合成、生成式人工智能、数据出境管理等多角度提出数据安全管理相关规定，以保障网络安全和数据安全，维护国家安全。

工业和信息化部出台了《工业和信息化部等十六部门关于促进数据安全产业发展的指导意见》，相关领域先后出台了《工业数据分类分级指南（试行）》《工业和信息化领域数据安全管理办法（试行）》等制度，为明确数据分类分级及识别标准等提供指导。

第8章 数据安全管理组织和人员管理

8.1 数据安全管理组织架构

本部分根据《信息安全技术 大数据安全管理指南》（GB/T 37973—2019）《信息安全技术 政务信息共享 数据安全技术要求》（GB/T 39477—2020）《政务数据安全管理指南》（DB3201/T 1040—2021），对数据安全管理组织架构进行了研究。

组织应建立数据安全管理组织架构，明确数据安全管理责任部门和数据安全负责人，牵头承担组织数据安全管理工作，单位高层人员参与数据安全决策；设立数据安全专职部门或岗位负责数据安全工作，建立组织内部的监督部门。根据组织使命、数据规模与价值、组织业务等因素，明确担任数据管理角色的部门或团队，可由业务负责人、法律法规专家、IT安全专家、数据安全专家组成，为组织的数据及其应用安全负责。

根据组织的规模、数据平台的数据量、业务发展及规划等明确不同角色及其职责，数据安全组织架构一般包括五方角色：决策方、管理方、执行方、使用方和监督方。

决策方是组织数据安全管理工作的决策层，一般由组织高层管理人员担任，主要负责数据安全相关领域和环节的重要事项决策。

管理方是具体承担组织数据安全管理的部门或团队。负责落实决策方的要求；组织建立数据安全组织架构；制定和修订相应的数据安全管理制度与流程规范；组织执行方和使用方跟踪数据接入与使用情况；组织开展数据安全检查评估，研究制定数据安全检查评估标准和要求；研究提出数据安全管理技术手段需求；组织开展数据安全管理教育培训。

执行方是根据决策方的要求落实数据安全措施的部门或团队。负责配合管理者开展各项工作，执行本组织数据安全制度要求；实施数据安全建设及运营的保障工作；巡查信息系统数据处理活动，跟踪数据接入和使用情况，及时发现数据异常、账号异常等风险隐患；配合完成各类数据安全检查，落实数据安全整改措施；协同处置数据安全风险事件。具体职责如下：根据决策方和管理方的要求实施安全措施；为管理方授权的相关方分配数据访问权限和机制；配合管理方处置安全事件。

使用方是开展数据收集、存储、使用、加工、传输、提供、公开、销毁等数据处理活动的部门或团队。负责做好职责范围内的数据全生命周期管理、权限管理、合作单位管理等工作；跟踪数据接入和使用情况，对数据的使用和输出开展审计；定期开展数据安全自查，配合完成各类数据安全检查评估，落实整改措施；对数据处理活动进行定期巡查，及时发现并协同处理数据安全风险事件。具体职责如下：数据全生命周期管理；记录数据活动的相关日志；定期开展数据安全自查；配合管理方处置安全事件。

监督方是对数据安全管理开展监督的部门或团队。负责对决策方、管理方、执行方和使用方的数据安全工作进行监督，对数据安全管理制度和标准提出完善与优化建议；配合完成各类数据安全检查评估，及时发现、协同处理数据安全风险事件，并督促安全隐患整改。具体职责如下：审核数据活动的主体、操作及对象等数据相关属性，确保数据活动的过程和相关操作符合安全要求；定期审核数据的使用情况。

8.2 数据安全人员管理

8.2.1 人员能力要求

决策方：一般是组织的高层管理人员。决策方应能够基于组织的目标和业务技术发展方向，明确组织的数据安全工作目标，确定组织的数据安全策略规划。遴选出能够充分理解数据安全管理制度和技术并对数据安全风险具有识别和把控能力的管理者。

管理方：具有一定的安全管理背景，熟练掌握网络安全、数据安全、个人信息保护、重要数据保护等方面的法律法规，深刻理解组织相关业务，能够结合业务实际和组织的数据安全工作目标和策略规划，制定组织内部的相关数据安全管理制度，还需要具备一定的文档输出和制度撰写能力，以便制度文件可以无偏差、无歧义地落实和执行。同时，需要具备较强的沟通表达能力，能够根据制度宣贯受众差异，根据各受众的日常工作职责和关注重点，有针对性地进行制度解读，通过教育培训等形式以易于理解且便于实施的方式宣贯制度流程。

执行方：具有一定的安全技术背景，熟练掌握网络安全、数据安全、计算机安全、信息系统等级保护等方面的相关技术，具有建设数据安全管理技术监管手段的能力，通过建设权限管理、访问控制、安全审计及数据流量监测等手段，能够有效控制组织的数据流动，及时发现异常情况并预警，以技术作为管理的抓手，确保组织的数据能够管得住，确保组织内部的数据安全管理制度规范能够贯彻执行。

使用方：深刻理解组织内部的数据安全管理制度，能够结合自身业务实际，在职责范围内做好数据全生命周期管理，具备对照相关制度和标准开展自评估的能力。同时，能够做好数据使用权限的审批管理，做好数据对外提供的审批与把关。

监督方：深刻理解组织内部的数据安全管理制度，熟知数据安全、个人信息保护、重要数据保护等方面的法律法规，能够对组织数据安全管理制度和标准的执行情况进行监督，及时发现不到位、不规范、不严谨之处，并对相关制度和标准提出改进意见。同时，具备数据处理活动的审计能力，对数据处理活动的各环节进行安全审计，确保数据处理活动符合数据安全要求。

8.2.2 人员安全管理

1.人员录用

在人员录用前开展背景调查；当数据处理关键岗位人员录用时，对其数据安全意识或专业能力进行考核。

2.安全保密协议

所有涉及数据服务的人员签订安全责任协议和保密协议，与数据安全关键岗位人员签订数据安全岗位协议；在重要岗位人员调离或终止劳动合同前，明确告知其继续履行有关信息的保密义务要求，并签订保密承诺书。

3.转岗离岗

在人员转岗或离岗时，及时终止或变更完成相关人员数据操作权限，并明确有关人员后续的数据保护管理权限和保密责任；对终止劳动合同的人员，及时终止并回收其系统权限及数据权限，明确告知其继续履行有关信息的保密义务要求。

4.数据安全培训

制订数据安全培训计划，并定期更新培训计划；对全体人员开展数据安全意识教育培训，并保留相关记录；每年至少1次对数据安全岗位人员进行专项培训，定期对关键岗位人员进行数据安全技能考核。

5.受托方人员管理

组织向其他网络数据处理者委托处理数据的，对受托方人员进行背景调查、进行数据安全意识或专业能力考核；严格控制受托方人员访问、下载或导出数据的能力；记录受托方人员的数据使用操作；在受托方人员转岗或离岗时，应明确后续的数据保护和保密责任。

第9章 数据分类分级

当前，数据分类分级保护作为我国数据安全的基础制度之一，已有多部法律文件提出明确要求。《网络安全法》首次提出"重要数据"概念，要求"网络运营者应当采取数据分类、重要数据备份和加密等措施"；《数据安全法》明确规定"国家建立数据分类分级保护制度"；《个人信息保护法》区分"个人信息"和"敏感个人信息"，要求"个人信息处理者应对个人信息实行分类管理"。开展数据分类分级保护工作，首先需要对数据进行分类和分级。

9.1 数据分类分级基本原则

根据《数据安全法》《网络数据安全管理条例》《工业和信息化领域数据安全管理办法（试行）》等制度规范，对数据的分类分级方法总结如下。

一是相关规定将数据区分为涉密数据和非涉密数据，数据分类分级对象不包含涉密数据。《数据安全法》规定，"开展涉及国家秘密的数据处理活动，适用《中华人民共和国保守国家秘密法》等法律、行政法规的规定"。涉及国家秘密的数据按照有关规定管理，数据分类分级对象不包含涉及国家秘密的数据。

二是按照数据所属行业领域确定数据分类。《数据安全法》明确"各地区、各部门应当按照数据分类分级保护制度，确定本地区、本部门以及相关行业、领域的重要数据具体目录，对列入目录的数据进行重点保护"。各行业各领域主管（监管）部门对本行业本领域的数据进行分类分级管理，根据本行业本领域业务属性、地域特点等细化数据分类。

三是根据数据在经济社会发展中的重要程度以及安全风险等确定数据分级。《数据安全法》规定："根据数据在经济社会发展中的重要程度，以及一旦遭到篡改、破坏、泄露或者非法获取、非法利用，对国家安全、公共利益或者个人、组织合法权益造成的危害程度，对数据实行分类分级保护。""国家数据安全工作协调机制统筹协调有关部门制定重要数据目录，加强对重要数据的保护。""关系国家安全、国民经济命脉、重要民生、重大公共利益等数据属于国家核心数据，实行更加严格的管理制度。"按重要程度将数据分为三级：核心数据、重要数据和一般数据，不同级别的数据应采取不同的保护措施。

四是开展网络数据处理活动要落实网络安全等级保护要求。《数据安全法》规定"利用互联网等信息网络开展数据处理活动，应当在网络安全等级保护制度的基础上，履行上述数据安全保护义务。"《网络数据安全管理条例》提出"网络数据处理者应当依照法律、行政法规的规定和国家标准的强制性要求，在网络安全等级保护的基础上，加强网络数据安全防护"。

9.2 数据分类分级依据

为明确数据的分类分级识别依据，相继推出了一系列的国家标准，包括《数据安全技术 数据分类分级规则》（GB/T 43697—2024）、《信息安全技术 个人信息安全规范》（GB/T 35273—2020）、《信息安全技术 个人信息去标识化指南》（GB/T 37964—2019）等。

电信、金融等行业领域分别发布了本行业、本领域的数据分类分级和安全管理办法。相关行业标准有《网络安全标准实践指南—网络数据分类分级指引》（TC260—PG—20212A）、《基础电信企业数据分类分级方法》（YD/T 3813—2020）、《金融数据安全 数据安全分级指南》（JR/T 0197—2020）、《个人金融信息保护技术规范》（JR/T 0171—2020）等。

根据相关标准，在数据分类上，按照业务所属行业领域，将数据分为工业数据、电信数据、金融数据、能源数据、交通运输数据、自然资源数据、卫生健康数据、教育数据、科学数据等行业领域数据。

在数据分级上，根据数据在经济社会发展中的重要程度，以及一旦遭到泄露、篡改、破坏或者非法获取、非法利用，对国家安全、公共利益或者个人、组织合法权益造成的危害程度，将数据从高到低分为核心、重要、一般三个级别。影响数据分级的要素，包括数据领域、群体、区域、精度、规模、深度、覆盖度、重要性、安全风险等。

9.3 数据分类方法

参考《数据安全技术 数据分类分级规则》（GB/T 43697—2024），对数据分类方法进行研究。

9.3.1 数据分类框架

各行业各领域主管（监管）部门根据本行业本领域业务属性，对行业领域数据进行细化分类。常见业务属性包括但不限于以下几种。

业务领域：按照业务范围或业务种类进行细化分类。

责任部门：按照数据管理部门或职责分工进行细化分类。

描述对象：按照数据描述对象进行细化分类。

上下游环节：按照业务运营活动的上下游环节进行细化分类。

数据主题：按照数据的内容主题进行细化分类。

数据用途：按照数据使用目的进行细化分类。

数据处理：按照数据处理者类型或数据处理活动进行细化分类。

数据来源：按照数据来源进行细化分类。

如涉及法律法规有专门管理要求的数据类别（如个人信息），应按照有关规定或标准对个人信息、敏感个人信息进行识别和分类。

9.3.2 行业领域数据分类方法

行业领域开展数据分类时，应根据行业领域数据管理和使用需求，结合本行业本领域已有的数据分类基础，灵活选择业务属性将数据逐级细化分类。行业领域数据分类方法重点考虑以下内容。

1.明确数据范围

按照行业领域主管（监管）部门职责，明确本行业本领域管理的数据范围。

2.细化业务分类

对本行业本领域业务进行细化分类。

结合部门职责分工，明确行业领域或业务条线分类，例如，工业领域数据，按照部门职责分为原材料、装备制造、消费品、电子信息制造、软件和信息技术服务等类别。

按照业务范围、运营模式、业务流程等，细化行业领域或明确各业务条线的关键业务分类，例如，原材料可分为钢铁、有色金属、石油化工等，装备制造可分为汽车、船舶、航空、航天、工业母机、工程机械等。

3. 业务属性分类

按需选择数据描述对象、数据主题、责任部门、上下游环节、数据用途、数据处理、数据来源等业务属性特征，采用线分类法对关键业务的数据进行细化分类。

4. 确定分类规则

梳理分析各关键业务的数据分类结果，根据行业领域数据管理和使用需求，确定行业领域数据分类规则，例如，可采取"业务条线—关键业务—业务属性分类"的方式给出数据分类规则；也可对关键业务的数据分类结果进行归类分析，将具有相似主题的数据子类进行归类。

9.4 数据分级方法

参考《数据安全技术　数据分类分级规则》（GB/T 43697—2024），对数据分级方法进行研究。

数据分级通过定量与定性相结合的方式，首先识别数据分级要素情况，其次开展数据影响分析，确定数据一旦遭到泄露、篡改、破坏或者非法获取、非法利用、非法动向，可能影响的对象和影响程度，最后综合确定数据级别。

9.4.1 数据分级要素

领域：是指数据描述的业务范畴，数据领域识别可考虑数据描述的行业领域、业务条线、生产经营活动、上下游环节、内容主题等因素。

群体：是指数据描述的主体或对象集合，数据群体识别可考虑数据描述的特定人群、特定组织、网络和信息系统、资源物资、设备设施等因素。

区域：是指数据涉及的地区范围，数据区域识别可考虑数据描述的行政区划、特定地区、物理场所等。

精度：是指数据的精确或准确程度，数据精度越高表示采集数据和真实数据的误差越小。数据精度识别可考虑数值精度、空间精度、时间精度等因素。

规模：是指数据规模及数据描述的对象范围或能力大小，数据规模识别可考虑数据存储量、群体规模、区域规模、领域规模、生产加工能力等因素。

深度：是指通过数据统计、关联、挖掘或融合等加工处理，对数据描述对象的隐含信息或多维度细节信息的刻画程度。数据深度识别可考虑数据在刻画描述对象的经济运行、发展态势、行踪轨迹、活动记录、对象关系、历史背景、产业供应链等方面的情况。

覆盖度：是指数据对领域、群体、区域、时段等的覆盖分布或疏密程度。数据覆盖度识别可考虑对特定领域、特定群体、特定区域、时间段的覆盖占比、覆盖分布等因素。

重要性：是指数据在经济社会发展中的重要程度。重要性识别可考虑数据在经济建设、社会建设、政治建设、文化建设、生态文明建设等的重要程度。

安全风险：是指主要识别数据可能遭到泄露、篡改、破坏、非法获取、非法利用、非法共享的风险。

9.4.2 数据影响分析

1.影响对象

影响对象是指数据一旦遭到泄露、篡改、破坏或者非法获取、非法利用、非法共享，可能影响的对象。影响对象通常包括国家安全、经济运行、社会稳定、公共利益、组织权益、个人权益。

国家安全：数据一旦遭到泄露、篡改、破坏或者非法获取、非法利用、非法共享，可能影响国家政治、国土、经济、科技、文化、社会、生态、军事、网络、人工智能、核、生物、太空、深海、极地、海外利益等领域国家利益安全。

经济运行：数据一旦遭到泄露、篡改、破坏或者非法获取、非法利用、非法共享，可能影响市场经济运行秩序、宏观经济形式、国民经济命脉等经济利益。

社会稳定：数据一旦遭到泄露、篡改、破坏或者非法获取、非法利用、非法共享，可能影响社会治安和公共安全、社会日常生活秩序、民生福祉、法治和伦理道德等。

公共利益：数据一旦遭到泄露、篡改、破坏或者非法获取、非法利用、非法共享，可能影响社会公众使用公共服务、公共设施、公共资源或影响公共健康安全等。

组织权益：数据一旦遭到泄露、篡改、破坏或者非法获取、非法利用、非法共享，可能影响法人和其他组织的生产经营、声誉形象、公信力、知识产权等。

个人权益：数据一旦遭到泄露、篡改、破坏或者非法获取、非法利用、非法共享，可能直接影响自然人的人身权、财产权以及其他合法权益。

2.影响程度

影响程度是指数据一旦遭到泄露、篡改、破坏或者非法获取、非法利用、非法共享，可能造成的影响程度。影响程度从高到低可分为特别严重危害、严重危害、一般危害。对不同影响对象进行影响程度判断时，采取的基准不同。如果影响对象是组织或个人权益，则以本单位或本人的总体利益作为判断影响程度的基准。如果影响对象是国家安全、经济运行、社会稳定或公共利益，则以国家、社会或行业领域的整体利益作为判断影响程度的基准。

当影响对象是国家安全时，如果可能直接影响政治安全，则应将影响程度确定为特别严重危害；如果关系国家安全重点领域，则应将影响程度确定为严重危害。

当影响对象是经济运行时，如果关系国民经济命脉，则应将影响程度确定为特别严重危害。

当影响对象是社会稳定时，如果关系重要民生，则应将影响程度确定为特别严重危害。

当影响对象是公共利益时，如果关系重大公共利益，则应将影响程度确定为特别严重危害；如果可能直接危害公共健康和安全，则应将影响程度确定为严重危害。

9.4.3 数据分级参考规则

《数据安全技术　数据分类分级规则》（GB/T 43697—2024）在分级要素识别、数据影响分析的基础上，给出以下（见表9-1 数据分级确定参考规则）规则确定数据级别。

表9-1　数据分级确定参考规则

影响对象	影响程度		
	特别严重危害	严重危害	一般危害
国家安全	核心数据	核心数据	重要数据
经济运行	核心数据	重要数据	重要数据
社会稳定	核心数据	重要数据	一般数据
公共利益	核心数据	重要数据	一般数据

续表

影响对象	影响程度		
	特别严重危害	严重危害	一般危害
组织权益、个人权益	一般数据	一般数据	一般数据

《网络安全标准实践指南——网络数据分类分级指引》指出，数据分级主要从数据安全保护的角度，考虑影响对象、影响程度两个要素进行分级，并给出了数据安全基本分级规则（见表9-2）。

表9-2 数据安全基本分级规则

基本级别	影响对象			
	国家安全	公共利益	个人合法权益	组织合法权益
核心数据	一般危害、严重危害	严重危害	—	—
重要数据	轻微危害	一般危害、轻微危害	—	—
一般数据	无危害	无危害	无危害、轻微危害、一般危害、严重危害	无危害、轻微危害、一般危害

以上两种数据分级规则为实际工作中的数据分级提供详细指导。

9.4.4 数据分级流程

可参考以下步骤开展数据分级。

确定分级对象：确定待分级的数据，如数据项、数据集、衍生数据、跨行业领域数据等。

分级要素识别：按照9.4.1识别数据的领域、群体、区域、精度、规模、深度、覆盖度、重要性、安全风险等分级要素情况。

数据影响分析：结合数据分级要素识别情况，分析数据一旦遭到泄露、篡改、破坏或者非法获取、非法利用、非法共享，可能的影响对象和影响程度，详见9.4.2。

综合确定级别：按照9.4.3的数据分级参考规则，综合确定数据级别。

第10章　数据安全风险评估

为及时发现数据安全隐患，防范数据安全风险，有必要定期开展数据安全风险评估工作。数据安全风险评估是组织保障数据安全的重要手段之一，用于确定在数据的收集、存储、使用、加工、传输、公开等活动中存在的安全风险。通过评估，组织可以全面了解数据安全风险状况，采取相应的风险管理措施，以保障数据的机密性、完整性和可用性。

2023年全国信息安全标准化技术委员会发布了《网络安全标准实践指南——网络数据安全风险评估实施指引》（TC260—PG—20231A）、《信息安全技术 数据安全风险评估方法（征求意见稿）》、《信息安全技术 重要数据处理安全要求（征求意见稿）》，提出了网络数据安全评估思路、工作流程和内容，为数据安全风险分类分级管理以及数据安全检查评估提供了参考。

10.1 数据安全风险评估思路

网络数据安全风险评估坚持预防为主、主动发现、积极防范，对数据处理者数据安全保护和数据处理活动进行风险评估，旨在掌握数据安全总体状况，发现数据安全隐患，提出数据安全管理和技术防护措施建议，提升数据安全防攻击、防破坏、防窃取、防泄露、防滥用能力。

网络数据安全风险评估，主要围绕数据和数据处理活动，聚焦可能影响数据的保密性、完整性、可用性和数据处理合理性的安全风险。首先，通过信息调研识别数据处理者、业务和信息系统、数据资产、数据处理活动、安全措施等相关要素；其次，从数据安全管理、数据处理活动、数据安全技术、个人信息保护等方面识别风险隐患；最后，梳理问题清单，分析数据安全风险、视情评价风险，并给出整改建议。

10.2 数据安全风险评估内容

网络数据安全风险评估，在信息调研的基础上，围绕数据安全管理、数据处理活动安全、数据安全技术、个人信息保护等方面开展评估。评估内容框架如图

10-1数据安全风险评估内容框架所示。

图10-1 数据安全风险评估内容框架

开展数据安全评估，首先，要通过信息调研，摸清数据底数，明确数据处理者、业务和信息系统、数据资产、数据处理活动、安全防护措施等基本情况；其次，从数据全生命周期的角度，针对数据收集、数据存储、数据使用和加工、数据传输、数据提供、数据公开、数据删除各环节的安全进行评估；再次，从管理和技术保障两个方面，考察采取的安全措施；最后，根据不同的数据分类，重点对个人信息处理活动进行评估。数据安全管理包括制度流程、组织机构、分类分级、人员管理、合作外包管理、安全威胁和应急管理、开发运维、云数据安全等方面；数据安全技术包括网络安全防护、身份鉴别与访问控制、监测预警、数据脱敏、数据防泄露、接口安全、备份恢复、安全审计等方面。个人信息保护可参照《信息安全技术 个人信息安全规范》（GB/T 35273—2020）。

10.3 数据安全风险评估流程

《网络安全标准实践指南——网络数据安全风险评估实施指引》将数据安全风险评估流程主要分为评估准备、信息调研、风险识别、综合分析、评估总结五个阶段。评估实施流程如图10-2数据安全风险评估流程所示。

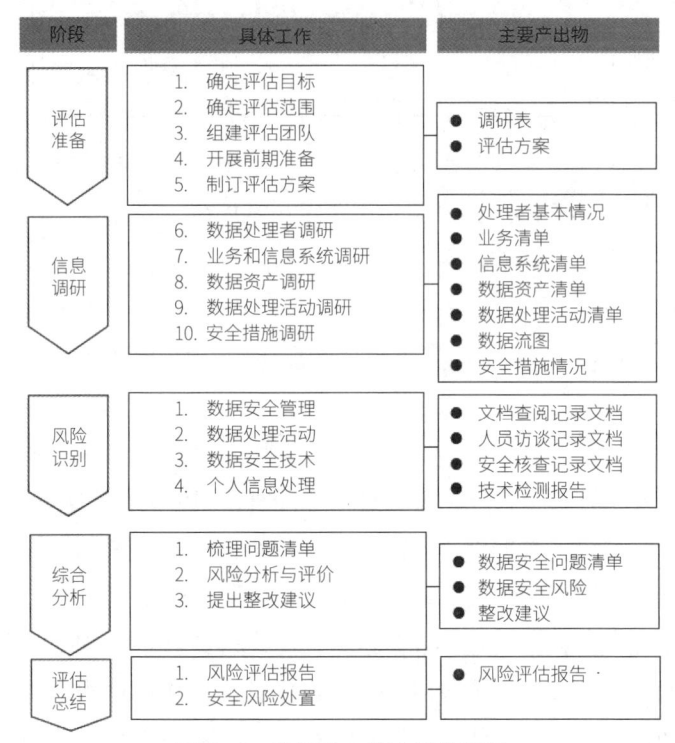

阶段	具体工作	主要产出物
评估准备	1. 确定评估目标 2. 确定评估范围 3. 组建评估团队 4. 开展前期准备 5. 制订评估方案	● 调研表 ● 评估方案
信息调研	6. 数据处理者调研 7. 业务和信息系统调研 8. 数据资产调研 9. 数据处理活动调研 10. 安全措施调研	● 处理者基本情况 ● 业务清单 ● 信息系统清单 ● 数据资产清单 ● 数据处理活动清单 ● 数据流图 ● 安全措施情况
风险识别	1. 数据安全管理 2. 数据处理活动 3. 数据安全技术 4. 个人信息处理	● 文档查阅记录文档 ● 人员访谈记录文档 ● 安全核查记录文档 ● 技术检测报告
综合分析	1. 梳理问题清单 2. 风险分析与评价 3. 提出整改建议	● 数据安全问题清单 ● 数据安全风险 ● 整改建议
评估总结	1. 风险评估报告 2. 安全风险处置	● 风险评估报告

图10-2 数据安全风险评估流程

10.4 数据安全风险评估手段

开展数据安全风险评估时，综合采取下列手段进行评估。

人员访谈。对相关人员进行访谈，核查制度规章、防护措施、安全责任落实情况。

文档查验。查验安全管理制度、风险评估报告、等保测评报告等有关材料及制度落实情况的证明材料。

安全核查。核查网络环境、数据库和大数据平台等相关系统与设备安全策略、配置、防护措施情况。

技术测试。应用技术工具、渗透测试等手段查看数据资产情况、检测防护措施有效性。

10.5 典型数据安全风险类别

参考全国信息安全标准化技术委员会发布的《网络安全标准实践指南——网络数据安全风险评估实施指引》中的典型数据安全风险类别,包括数据泄露风险、数据篡改风险、数据破坏风险、数据丢失风险等(见表10-1)。

表10-1 典型数据安全风险类别示例

序号	风险类别	描述
1	数据泄露风险	由于数据窃取、爬取、脱库、撞库等安全威胁,或者缺乏有效的安全措施、人员操作失误或有意盗取等,导致数据泄露、恶意窃取、未授权访问等影响数据保密性的风险
2	数据篡改风险	由于数据注入、中间人攻击等安全威胁,或者缺乏有效的安全措施、人员有意或无意操作等,导致数据被未授权篡改等影响数据完整性的风险
3	数据破坏风险	由于拒绝服务攻击、自然灾害、嵌入恶意代码、数据污染、设备故障等安全威胁,或者缺乏有效的安全措施、人员有意或无意操作等,导致数据被破坏、毁损、数据质量下降影响数据可用性的风险
4	数据丢失风险	由于数据过载、软硬件故障、备份失效、链路过载等问题,或者缺乏有效的安全措施、人员有意或无意操作等,导致数据丢失、难以恢复等安全风险
5	数据滥用风险	由于缺乏授权访问控制、权限管控等有效的安全管控措施、人员有意或无意操作等,导致数据被未授权或超出授权范围使用、加工的风险
6	数据伪造风险	由于数据源欺骗、深度伪造等安全威胁,或者缺乏有效的安全措施、人员有意或无意操作等,导致数据或数据源被伪造、数据主体被仿冒等安全风险
7	违法违规获取数据	违反法律、行政法规等有关规定,非法或违规获取、收集数据的风险
8	违法违规出售数据	违反法律、行政法规等有关规定,非法或违规向他人出售、交易数据的风险
9	违法违规保存数据	违反法律、行政法规等有关规定,非法或违规留存数据的风险,如逾期留存、违规境外存储等
10	违法违规利用数据	违反法律、行政法规等有关规定,非法或违规使用、加工、委托处理数据的风险
11	违法违规提供数据	违反法律、行政法规等有关规定,非法或违规向他人提供、共享、交换、转移数据的风险
12	违法违规公开数据	违反法律、行政法规等有关规定,非法或违规公开数据的风险
13	违法违规购买数据	违反法律、行政法规等有关规定,非法或违规购买、收受数据的风险

续表

序号	风险类别	描述
14	违法违规出境数据	违反法律、行政法规等有关规定，非法或违规向境外提供数据的风险
15	超范围处理数据	数据处理活动违反必要性原则，超范围或过度收集使用个人信息或重要数据的风险
16	数据处理缺乏正当性	违反正当性原则，数据处理活动缺乏明确、合理的处理目的
17	未有效保障个人信息主体权利	由于未采取有效的个人信息保护措施、人员操作或外部威胁等，导致未能有效保障个人信息主体的知情权、决定权、限制或者拒绝个人信息处理等个人信息主体合法权利
18	App违法违规收集使用个人信息	App违反个人信息监管政策或标准规范，存在违法违规收集使用个人信息行为的风险
19	数据处理缺乏公平性、公正性	由于缺乏安全管控措施、人员有意或无意操作等，导致数据处理违反公平公正、诚实守信原则，侵犯其他组织或个人合法权益的风险
20	数据处理抵赖风险	由于外部攻击威胁、缺乏有效安全管控措施、人员有意或无意操作等，导致处理者或第三方否认数据处理行为或绕过数据安全措施等风险
21	数据不可控风险	由于第三方数据安全能力不足、缺乏有效的第三方管控措施、合同协议缺失、外包人员操作等，导致委托处理或合作的第三方违反法律法规或合同协议约定处理数据，造成第三方超范围处理数据、逾期留存数据、违规再转移数据等不可控风险
22	数据推断风险	由于未考虑数据之间的关联关系，导致从公开数据可推断出核心数据、重要数据、未公开的个人数据等，包括但不限于面向人工智能模型的推理攻击、面向基础设施的跨域推断攻击等
23	其他风险	其他可能影响国家安全、公共利益或组织、个人合法权益的数据安全风险

10.6　数据安全风险评估的拓展

数据安全风险评估过程向后延伸，可拓展为风险识别、风险分析和风险评价三个主要阶段。

风险识别阶段主要是发现、认识和描述风险的过程，需要找出可能影响数据安全的各种因素和威胁。这可能包括技术因素（如系统漏洞、软件缺陷等）、环境因素（如自然灾害、电磁干扰等）、人为因素（如内部人员滥用权限、外部攻击者恶意攻击等）。

风险分析阶段主要是理解风险的本质和确定风险水平的过程。这个阶段需要对识别出来的风险进行深入分析，了解它们可能对数据安全产生的影响，以及在何种条件下这些风险可能会变为现实。这个阶段还需要评估风险发生的可能性和影响程度，以便确定风险的优先级。

风险评价阶段是将风险分析结果与风险准则进行比较，以确定风险和/或其大小是否可以接受或可容忍的过程。这个阶段需要考虑组织对风险的容忍程度、风险管理策略以及风险控制措施的有效性等因素。根据比较结果，可以得出风险的等级和相应的处理建议。

在进行数据安全风险评估时，还需要注意数据可控性的问题。数据可控性是指组织对向外传输、共享的数据具有控制能力，对数据接收方组织的数据保护能力可衡量，对接收方接收数据后的活动及其再转移行为可约束、可监控、可撤销。在评估过程中，需要确保数据的可控性，以便在数据传输和使用过程中防止数据泄露与滥用。

此外，数据安全风险评估还需要根据安全事件发生的可能性和影响严重程度来判断风险值。这需要综合考虑脆弱性影响严重程度、数据重要程度等因素，以便更加准确地评估数据安全风险。评估结果可以为组织提供针对性的建议和措施，以降低或消除数据安全风险。

10.6.1 数据安全风险发现

数据安全风险发现是一个持续的过程，涉及多个方面的监测和检查。以下是一些关键的方法和步骤，用于发现数据安全风险。

安全审计：定期进行安全审计是发现数据安全风险的关键。审计可以涵盖多个方面，包括对系统、网络和应用程序的审查，以发现潜在的安全漏洞和弱点。

威胁情报：收集和分析威胁情报可以提供有关潜在攻击者的行为和模式的信息，从而帮助发现可能受到攻击的敏感数据。

监控和分析：实施全面的监控和分析工具，以实时检测异常行为与可疑活动。这些工具可以包括日志分析、入侵检测系统和网络流量分析。

数据泄露检测：通过定期检查数据泄露和外部攻击，可以及时发现潜在的数据泄露风险。这些检查可以包括对系统日志、网络流量和应用程序行为的监测。

漏洞扫描：定期进行漏洞扫描可以帮助发现系统和应用程序中的安全漏洞。这些扫描可以覆盖网络、服务器、数据库和其他关键组件。

员工培训：增强员工的网络安全意识与培训他们识别和避免安全风险，可以帮助发现潜在的数据泄露和其他安全威胁。

合规性检查：遵守相关的数据保护和隐私法规，定期进行合规性检查，以确保组织的数据安全策略和措施符合相关法律要求。

数据分类和标记：对数据进行分类和标记，以确定其敏感性和重要性。这有助于识别哪些数据可能面临更大的安全风险，并采取适当的安全措施来保护这些数据。

风险评估和报告：定期进行数据安全风险评估，并生成相关的报告，以提供关于组织当前面临的安全威胁和脆弱性的全面概述。

通过综合运用这些方法，组织可以更好地发现数据安全风险，并及时采取措施来预防或减轻潜在的损害。同时，保持与数据保护相关的最新实践和技术的了解也是至关重要的，以确保数据安全风险发现的有效性。

10.6.2 数据安全风险分析

数据安全风险分析是一个复杂的过程，涉及多个方面的考虑。以下是一些关键的方面，用于数据安全风险分析。

确定风险范围：需要明确数据安全风险的范围，包括数据的类型、重要性、存储方式、使用方式和传输渠道等。这有助于确定需要评估的风险范围和相关的影响因素。

识别风险因素：风险因素包括内部因素和外部因素。内部因素可能包括技术漏洞、人为错误、管理不善等，外部因素可能包括恶意攻击、自然灾害、法规变化等。通过识别这些因素，相关人员可以评估其可能对数据安全产生的影响。

评估风险大小：评估风险大小是一个相对主观的过程，需要考虑风险发生的可能性和影响的严重程度。可以使用定性和定量的方法来确定风险大小，并根据组织的容忍程度和风险偏好制定相应的风险处理策略。

确定风险等级：根据风险评估结果，可以将数据安全风险分为不同的等级。高风险可能意味着潜在的重大损失或影响，而低风险可能表示影响较小或发生可能性较低。不同等级的风险可能需要不同的应对措施和资源投入。

分析风险后果：分析数据安全风险可能导致的后果，包括直接和间接的后果。后果可能包括财务损失、声誉损害、业务中断、法律责任等。了解这些后果有助于更加全面地评估风险并采取适当的措施来应对。

预测风险趋势：通过分析历史数据和趋势，可以预测数据安全风险的未来走向。这有助于制订长期的风险管理计划，并采取措施来应对潜在的威胁和机会。

制定风险管理策略：基于风险分析的结果，制定合适的风险管理策略。这可能包括预防措施、应急计划、监控和报告机制等，以确保数据安全风险的降低或控制在一个可接受的范围内。

综上所述，数据安全风险分析是一个多方面的过程，需要综合考虑数据的敏感性和重要性、组织的安全环境以及外部威胁等因素。通过全面的分析和评估，组织可以更好地了解数据安全风险的状况，并采取适当的措施来管理和控制这些风险。

10.6.3　数据安全风险评价

数据安全风险评价是评估数据安全风险的过程，主要涉及风险识别、风险分析和风险评价三个阶段。

风险识别阶段：这个阶段的目标是识别出可能影响数据安全的各种因素和威胁。需要找出可能的数据泄露、损坏或丢失的来源，包括内部因素和外部因素。内部因素可能包括系统漏洞、人为错误等，外部因素可能包括黑客攻击、自然灾害等。

风险分析阶段：在识别出风险后，需要对这些风险进行分析，以了解它们可能对数据安全产生的影响。这涉及评估风险发生的可能性以及一旦发生后影响的严重程度。还需要考虑数据的重要性、敏感性和机密性，以及组织对风险的容忍程度。

风险评价阶段：根据风险分析的结果将风险与组织的安全目标和风险准则进行比较，以确定风险的等级和优先级。这需要综合考虑风险的严重程度、发生可能性以及可接受的风险水平。根据评价结果，可以制定相应的风险管理策略和措施，以降低或消除数据安全风险。

除了上述三个阶段，数据安全风险评价还需要注意以下几点。

数据可控性：组织需要确保数据的可控性，即对数据的收集、存储、使用、共享和销毁等活动具有控制能力。这涉及对数据接收方的控制和约束，以及对数据再转移行为的监控和撤销能力。

安全事件影响评估：在发生数据泄露、损坏或丢失等安全事件后，需要进行影响评估，以了解事件的范围、程度和后果。这有助于组织采取及时的应对措施，并改进数据安全策略。

持续监测和改进：数据安全风险评价不是一次性的活动，而是一个持续的过程。组织需要定期进行数据安全检查和审计，并根据实际情况更新风险管理策略和措施，以适应不断变化的安全威胁和业务需求。

通过科学地进行数据安全风险评价，组织可以更好地了解数据安全风险的状况，采取有效的风险管理措施，确保数据的机密性、完整性和可用性。

10.7 数据全生命周期风险管理

面对各类数据安全风险，需要在数据全生命周期的收集、存储、使用和加工、传输、提供、销毁等环节采取数据安全技术保障措施。

贯穿数据全生命周期的安全技术保障措施，包括身份鉴别、权限管理、访问控制、安全审计、异常检测、安全风险识别等。应建立相应强度或粒度的访问控制机制，限定用户可访问数据范围，严控数据导入导出；设置身份认证等措施防止非授权操作；针对数据处理活动全过程进行审计日志记录，审计范围覆盖至每个用户；监测异常的数据流动和人员行为等情况，及时发现并处置数据安全风险。

第11章　数据安全管理行业案例

11.1 数据安全管理案例：某征信公司数据泄露

11.1.1 公司背景

该公司是一家国外的信用报告机构，提供个人信用信息和消费者信用报告。该公司于2017年成为一起重大数据安全事件的焦点。

11.1.2 事件经过

在2017年，公司遭受了一次巨大的数据泄露事件，影响了数百万客户的敏感信息。入侵者成功获取了包括姓名、社会安全号码、信用卡信息等在内的大量个人数据。这导致了用户身份盗窃、金融欺诈和其他严重问题。

11.1.3 原因分析

公司数据泄露事件的原因主要包括以下几点。

漏洞未及时修复：攻击者利用了阿帕奇支柱（Apache Struts）框架的漏洞，而公司没有及时修复该漏洞，使得攻击者能够非法进入系统。

安全措施不足：在该事件中，公司的安全措施被认为存在缺陷，未能有效保护用户的敏感信息。

11.1.4 影响

这次数据泄露对数百万人的个人隐私和金融安全产生了严重影响。盗用者可以利用窃取的信息进行身份盗窃、贷款欺诈和其他恶意活动。

11.1.5 解决措施与改进

1.应对危机

公司首先采取了公开透明的立场，迅速通知受影响的用户，并提供免费信用监控服务。该公司与调查机构和执法部门合作，进行全面的安全审查。

2.安全改进

为了加强数据安全管理，公司进行了大规模的安全基础设施改进。这包括以下几点。

漏洞修复与更新：对系统进行全面的漏洞修复，确保软件和应用程序处于最新的安全状态。

加强身份验证：引入更严格的身份验证措施，以确保只有合法用户能够访问和修改敏感信息。

安全培训：加强员工的安全意识培训，提高对潜在威胁的识别和防范能力。

3. 加强合规和监管

公司加强了对数据安全的合规性，并严格遵循监管标准。这包括与相关机构的合作，接受监管审查，确保公司的数据安全实践符合法规和行业标准。

4. 用户教育和支持

公司通过提供安全教育和资源，帮助用户更好地保护自己的信息。这包括推出安全提示、实时通知和在线资源，以加强用户对数据安全的认知。

11.1.6　结论与教训

公司数据泄露事件强调了数据安全管理的紧迫性和复杂性。这次事件使公司付出了沉重的代价，但也促使其采取了一系列积极的措施，包括改进安全基础设施、加强合规性、加强员工培训和提升用户教育。这个案例强调了数据安全不仅仅是技术问题，更是公司文化、管理和社会责任的问题。

11.2　数据安全管理案例：某连锁超市的支付卡信息泄露

11.2.1　公司背景

该公司是一家国外的大型零售公司，提供各类商品和服务。该公司曾经经历了一起涉及支付卡信息的大规模数据泄露事件。

11.2.2　事件经过

在2013年，公司遭受了一次严重的数据泄露事件。黑客成功入侵了公司的支付系统，窃取了数百万客户的支付卡信息，包括信用卡和借记卡号码、过期日期以及三位验证码。

11.2.3 原因分析

公司支付卡信息泄露该事件的原因主要包括以下几点。

供应链攻击：攻击者通过入侵公司供应链合作伙伴的网络，获得了登录公司网络的权限。这使得黑客能够在系统内部移动，并获取支付卡信息。

未加密的支付卡信息：在系统中，公司存储了未加密的支付卡信息，这为攻击者提供了更容易获取敏感数据的机会。

11.2.4 影响

这次数据泄露事件对公司产生了严重的负面影响，不仅损害了客户信任，还导致了法律纠纷和重大财务损失。客户因此面临支付卡信息被滥用的风险，导致了大量的金融和信用危机。

11.2.5 解决措施与改进

1.应对危机

公司迅速采取行动，公开通知受影响的客户，并提供免费的信用监控服务。公司与执法机构合作展开调查，同时与支付卡公司、银行和其他合作伙伴保持紧密联系。

2.改进安全措施

为了增强数据安全，公司实施了一系列改进措施。

支付系统升级：公司进行了支付系统的全面升级，加强了对支付信息的加密和存储安全性。

供应链安全加固：公司加强了对供应链合作伙伴的安全审核，确保所有合作方都符合公司的严格安全标准。

加强监控与检测： 公司增强了对网络活动的实时监控和异常检测，以更快地发现潜在的安全威胁。

3.投资于教育与培训

为了增强员工和供应链合作伙伴的安全意识，公司进行了广泛的安全培训。这包括有关社会工程学攻击、恶意软件防范和网络安全最佳实践的培训。

11.2.6 结论与教训

公司的支付卡信息泄露事件凸显了供应链攻击的威胁，并强调了数据加密和安全培训的重要性。通过采取紧急措施、改进安全措施以及投资员工培训，公司逐渐重建了客户信任，并提高了整体数据安全水平。这个案例再次强调了数据安全管理的紧迫性和不断改进的需求。

11.3 某金融机构数据安全治理项目

在金融行业数据安全监管整改力度逐渐加大的背景下，某金融机构数据安全体系化建设提上议程。但由于该机构场景众多，内外部数据采集、数据共享交换、数据分析、数据上报等，安全风险及其防护方案各不相同，先建设哪些，再建设哪些，缺少明确的规划思路。

对此，基于金融行业数据安全需求，以"长短结合、充分利现、平稳过渡"为思路，提出适合该金融机构的数据安全治理路径，方案包括以下几点。

数据安全制度规范。通过现状调研与沟通，编写符合该机构战略和业务发展的数据安全制度体系，最终确定《数据安全管理制度》《数据安全人员管理规范》《数据安全应急响应管理制度》等制度，覆盖数据全生命周期各阶段，围绕组织、流程、技术、人员等维度制定，为其组织数据安全管理上提供有力支撑。

合规性评估与安全风险评估。合规性评估和加固建议：联合对标13项法规、条例，充分了解其数据安全合规情况，以规避可能存在的法律风险，做到"早发现、早处理"。该部分评估对相关法律法规条款逐一进行解读、现状描述，同时对每个条款衍生或关联的相关法律、法规、标准和指南等内容进行标识，最后针对存在的风险提供建议。数据全生命周期评估和加固建议：结合实际情况，从技术和管理两个维度，涵盖数据生命周期风险评估和数据基线及漏洞评估，基于访谈和工具分析现有的数据安全风险，最终得出当前数据业务的安全风险总体情况，并以GAP图清晰展示，提供安全加固建议。

数据安全建设规划。数据安全建设规划依照前期数据安全咨询项目的评估差距进行补足，着眼于数据全生命周期安全，针对不同的阶段提供技术加固方案，考虑到用户数据安全建设的紧迫性，分为短期和长期建设规划，包括数据安全防护可用的产品或技术手段、建设周期、先后顺序，以及建设完成后的差距评估，为其明确数据安全规划建设之路。

11.4　某大数据局数据安全分类分级项目

作为分类分级指南的试点单位，基于省大数据局下发的规范文件，某市大数据局提供数据分类分级解决方案，通过自动化工具（暗数据发现与分类分级系统）+人工的方式帮助其进行人口综合库数据梳理和分类分级。

分类分级标准梳理：结合《公共数据分类分级指南》《人口综合库数据规范》《信息安全技术 个人信息安全规范》等规范，对该市大数据局的人口库进行梳理，形成《市大数据局数据分类分级参考规范》，并将标准内置到分类分级工具中。

数据资产发现：通过暗数据发现产品提前配置好人口库的分类分级及发现模板，对所在的数据库开展资产发现作业，实现自动化的数据业务类型识别，对数据含义进行标识。

数据安全建设规划：在业务类型识别基础上完成对人口库数据的分类分级，通过工具进行标签管理，并生成可视化的分类分级报告。

识别人口库敏感数据，包括姓名、地址、出生日期、身份证号、手机号码等个人敏感信息。

通过自动化工具大幅提高分类分级效率，总计分类超过30个类别，包括个人自然信息、个人资产信息、社会活动信息、个人家庭信息等。

分类分级结果通过可视化报告展示，包括敏感数据分布和占比、业务类型数量排序、不同分类的数据量对比等信息，有序展现，一目了然。

资产发现和分类分级的结果可通过标准接口的方式，对接安全产品和大数据及其他数据资源管理平台，完成对数据资产的安全访问和高效管理。

11.5　某大型能源集团数据安全治理项目

该某大型能源集团其应用系统作为关键信息基础设施，涵盖工业、运营、个人信息等数据。随着横向《网络安全法》、等级保护2.0、《数据安全法》《个人信息保护法》《关键信息基础设施保护条例》等法律法规及纵向垂直行业安全标准，对数据安全提出明确要求，数据安全建设刻不容缓。在此背景下，该集团以核心业务系统为切入点，以数据安全功能力成熟度模型（data security capability maturity model，DSMM）为抓手，从而逐步建立健全数据安全治理体系，整体阶段包括以下几点。

数据资产梳理：通过问卷调研、工具探查等方式多维度盘点数据资产，厘清数据资产现状，并在此基础上进行数据分类分级。数据资产盘点：通过工具探查数据资产情况，为分类分级实施做好准备工作。数据权限现状：盘点清楚用户具备哪些权限，数据可以被哪些用户增删改查，权限过大用户有哪些等。数据流向梳理：盘点数据从采集、传输、共享交换到销毁的流向。数据分类分级：完成数据分类和分级，共分四级，其中敏感表占比约60%，敏感字段占比约50%，同时明确了各级数据的安全要求。

数据安全风险评估：对数据安全现状进行分析，识别和分析数据资产在全生命周期各阶段风险，并给予中立的加固建议，包括以下几点。基础风险评估。通过安全基线检查、漏洞扫描、渗透测试等方式，发现数据处理环境中存在的安全漏洞，提供加固建议；数据安全能力差距评估，基于组织实际情况，深度分析和评估当前组织安全能力现状，帮助其厘清自身在生命周期各阶段的能力现状与目标的差距。

数据安全合规评估：全面解读和分析《数据安全法》《个人信息保护法》以及地方办法条例内容，通过联合对标分析，全面评估组织数据安全合规情况和合规风险，提供针对性的建议。数据全生命周期风险评估：参考信息安全风险分析方法，从资产和风险两大视角出发，基于数据分级结果，建立组织风险评估模型，通过定性分析和定量分析方法，评估数据资产面临风险。

数据安全建设规划：基于数据安全风险评估的结果，结合实际情况，提供针对性的数据安全建设规划方案。管理制度建设：基于合规要求，完成部分数据安全相关制度，为后续管理提供依据。数据安全建设规划：从管理、技术和运营三个维度规划，开展数据安全建设的短、中、长期规划和建设工作，明确建设依据、建设规划、建设路径、建设周期、建设优先级等内容，指引数据安全建设道路。

11.6 某制造企业数据安全治理项目

《数据安全法》《数据出境安全评估办法》等法律法规文件相继颁布，面临日趋严格的监管和数据安全威胁态势，作为拥有海量敏感数据资产，并存在跨国业务的大型制造企业，亟须分析组织内部整体在数据全生命周期过程中存在的安全合规风险，建立符合实际情况的安全管理和安全技术建设。结合用户"数据安全合规"实际需求，以及在"重要数据""关键数据""数据跨境"等存在的难题，本方案以"数据分类分级"和"合规对标"为抓手，以三个阶段逐步推进。

识别敏感数据，完善分类分级：由于现阶段暂无制造业的分类分级指南，本次以《工业数据分类分级指南（试行）》为基础，参考公共数据、物流交通、能源、电信、金融行业的分类分级实践结果。在企业原有分类分级的基础上，细化补充了数据类别和级别，并且设计了基于数据分类分级结果的数据权限。

数据安全风险评估：对数据安全现状进行分析，识别和分析数据资产在全生命周期各阶段风险，包括对《数据安全法》《个人信息保护法》《通用数据保护条例》等国内外法律法规文件进行全面解读和分析，参考信息安全风险分析方法，通过定性分析和定量分析的方法，分析并计算数据资产面临的风险值，并给予中立的加固建议。

数据安全建设规划：基于数据安全风险评估的结果，结合实际情况，提供针对性的数据安全建设规划方案，明确建设依据、建设规划、建设路径、建设周期、建设优先级等内容，指引数据安全建设道路，完善《数据安全管理办法》《数据全生命周期管理制度》《数据接口安全管理规范》《数据脱敏规范》《数据安全风险评估管理制度》等5份制度规范。此外，通过培训赋能和项目实施过程中的成果移交，协助组织形成一套基础的数据安全合规评估工具，让组织具备常态化的自评估能力。

参考文献

[1] 叶传星，闫文光.论中国数据跨境制度的现状、问题与纾困路径[J].北京航空航天大学学报（社会科学版），2024，37（01）：57-71.DOI：10.13766/j.bhsk.1008-2204.2023.2035.

[2] 常晓惠.《个人信息保护法》与GDPR的比较研究及启示[D].济南：山东大学，2023.DOI：10.27272/d.cnki.gshdu.2023.001033.

[3] 国务院.网络数据安全管理条例[Z].2024.

[4] 全国信息安全标准化技术委员会.信息安全技术 网络数据处理安全要求：GB/T 41479-2022[S].北京：中国标准出版社，2012.

[5] 全国信息安全标准化技术委员会.信息安全技术 大数据安全管理指南：GB/T 37973-2019[S].北京：中国标准出版社，2019.

[6] 全国信息安全标准化技术委员会.信息安全技术 数据安全能力成熟度模型：GB/T 37988-2019[S].北京：中国标准出版社，2019.

[7] 董威宏.个人信息跨境流动的欧美规制及中国制度的完善[D].烟台：烟台大学，2023.DOI：10.27437/d.cnki.gytdu.2023.000766.

[8] 吴信东，应泽宇，盛绍静，等.数据中台框架与实践[J].大数据，2023，9（6）：137-159.DOI：10.11959/j.issn.2096-0271.2023034.

[9] 向柯宇，蒋广，曹杰，等.电网数据中台存储优化[J].计算技术与自动化，2023，42（4）：135-139.DOI：10.16339/j.cnki.jsjsyzdh.202304023.

[10] 李小将.浅论智慧机场数据中台建设[J].民航学报，2023，7（2）：25-29.DOI：10.3969/j.issn.2096-4994.2023.02.006.

[11] 文啸.制造业中智能数据中台的设计与实现[J].智能制造，2023（5）：128-134.DOI：10.3969/j.issn.1671-8186.2023.05.028.

[12] 万磊. 数据中台局域多路复用信息可信传输方法[J]. 信息技术，2023（6）：161-165，171. DOI：10.13274/j.cnki.hdzj.2023.06.029.

[13] 王卫斌，奚增辉，瞿海妮，等. 基于数据中台的多源数据融合关键技术研究[J]. 电子设计工程，2023，31（10）：106-110. DOI：10.14022/j.issn1674-6236.2023.10.023.

[14] COULOURIS G, DOLLIMORE J, ROBERTS M. Role and task-based access control in the PerDiS groupware platform[C].Proc. of the 3rd ACM Workshop on Role-Based Access，1998.

[15] 邓集波、洪帆. 基于任务的访问控制模型. 软件学报. 2003，14（1）：7.

[16] FERRAIOLO D F, KUHN D R. Role based access control[C]. 15th National Computer Security Conference，October 1992：554-563.

[17] SANDHU R, COYNE E J, FEINSTEIN H L, et al. Role-based access control models[J]. IEEE Computer（IEEE Press），1996，29（2）：38-47.

[18] 郝玉洁，吴立军，赵洋，等. 信息安全概论[M].北京：清华大学出版社，2013.

[19] Computer Security Division，Information Technology Laboratory.Attribute Based Access Control[C]. CSRC | NIST，2016.

[20] HU V C，KUHN D R，FERRAIOLO D F，et al. Attribute-based access control[J]. Computer，48（2）：85-88. DOI：10.1109/MC.2015.33. ISSN 1558-0814.

[21] 廖湘科，李姗姗，董威，等.大规模软件系统日志研究综述[J].软件学报，2016（8）：14.

[22] 黄俊.基于智能合约的信息系统日志安全审计技术研究[D].北京：北京交通大学，2022.DOI：10.26944/d.cnki.gbfju.2022.001811.

[23] 肖佳楠.大数据技术在审计领域中的应用[J].信息记录材料，2022，23（1）：131-134.DOI：10.16009/j.cnki.cn13-1295/tq.2022.01.011.

[24] 张春钰，杨颖红.大数据审计文献综述[J].合作经济与科技，2021，（19）：141-143.DOI：10.13665/j.cnki.hzjjykj.2021.19.055.

[25] 袁阳春，刘淼.基于数据挖掘技术的虚拟企业审计风险评估模型[J].微型电脑应用，2021，37（9）：103-106.

[26] 申曦，姚利青，郭丽琴，等.大数据审计中可视化分析技术研究[J].合作经济与科技，2021（18）：162-164.DOI：10.13665/j.cnki.hzjjykj.2021.18.068.

[27] BAKKEN D E, RARAMESWARAN R, BLOUGH D M, et al. Data obfuscation: Anonymity and desensitization of usable data sets[J]. IEEE Security & Privacy, 2004, 2（6）: 34-41.

[28] CASTELLANOS M, ZHANG B, JIMENEZ I, et al. Data desensitization of customer data for use in optimizer performance experiments[C]//2010 IEEE 26th International Conference on Data Engineering（ICDE 2010）. IEEE, 2010: 1081-1092.

[29] DAVIS R. The data encryption standard in perspective[J]. IEEE Communications Society Magazine, 1978, 16（6）: 5-9.

[30] NADEEM A, JAVED M Y. A performance comparison of data encryption algorithms[C]//2005 international conference on information and communication technologies. IEEE, 2005: 84-89.

[31] CHU X, ILYAS I F, KRISHNAN S, et al. Data cleaning: Overview and emerging challenges[C]//Proceedings of the 2016 international conference on management of data. 2016: 2201-2206.

[32] MILI L, VAN CUTSEM T, RIBBENS-PAVELLA M. Bad data identification methods in power system state estimation-a comparative study[J]. IEEE transactions on power apparatus and systems, 1985（11）: 3037-3049.

[33] LI F, LI H, NIU B, et al. Privacy computing: concept, computing framework, and future development trends[J]. Engineering, 2019, 5（6）: 1179-1192.

[34] AAZAM M, HARRAS K A, ZEADALLY S. Fog computing for 5g tactile industrial internet of things: Qoe-aware resource allocation model. IEEE Transactions on Industrial Informatics, 2019, 15（5）: 3085-3092.

[35] AGGARWAL C C. An introduction to outlier analysis[J]. Outlier analysis, 2017, 1-34.

[36] ANTONAKAKIS M, APRIL T, BAILEY M, et al. Understanding the mirai botnet[C]. 26th USENIX security symposium（USENIX Security 17）,

2017: 1093-1110.

[37] BONIOL P, PAPARRIZOS J, PALPANAS T, et al. Franklin. Sand: streaming subsequence anomaly detection[J]. Proceedings of the VLDB Endowment, 2021, 14（10）: 1717-1729.

[38] BORGWARDT K M, GRETTON A, RASCH M J, H.-P. Kriegel, B. Sch¨olkopf, and A. J. Smola. Integrating structured biological data by kernel maximum mean discrepancy[J]. Bioinformatics, 2006, 22（14）: e49-e57.

[39] BREUNIG M M, KRIEGEL H P, NG R T, et al. Lof: identifying density-based local outliers[C]. Proceedings of the 2000 ACM SIGMOD international conference on Management of data, 2000: 93-104.

[40] CLEVERT D A, UNTERTHINER T, HOCHREITER S. Fast and accurate deep network learning by exponential linear units （elus）[J]. arXiv preprint arXiv: 1511.07289, 2015.

[41] COHEN J, ROSENFELD E, KOLTER Z. Certified adversarial robustness via randomized smoothing[C]. International Conference on Machine Learning, 2019: 1310-1320.

[42] FENG H Z, YOU Z, CHEN M, et al. Chen. Kd3a: Unsupervised multi-source decentralized domain adaptation via knowledge distillation[C]. Proceedings of the 38th International Conference on Machine Learning, 2021: 3274-3283.

[43] GORNITZ N, KLOFT M, RIECK K, et al. Toward supervised anomaly detection[J]. Journal of Artificial Intelligence Research, 2013, 46: 235-262.

[44] HONG J, ZHU Z, YU S, et al. Federated adversarial debiasing for fair and transferable representations[C]. Proceedings of the 27th ACM SIGKDD Conference on Knowledge Discovery & Data Mining, 2021: 617-627.

[45] KHOSLA P, TETERWAK P, WANG C, et al. Supervised contrastive learning[J]. Advances in NIPS, 2020, 33: 18661-18673.

[46] LI B, CHEN C, WANG W, et al. Second-order adversarial attack and certifiable robustness[J]. DOI: arXiv: 1809.03113, 2018.

[47] LI B, WU Y, SONG J, et al. Deepfed: Federated deep learning for intrusion detection in industrial cyber-physical systems[J]. IEEE Transactions on Industrial Informatics, 2020, 17（8）: 5615-5624.

[48] LIN T, KONG L, STICH S U, et al. Ensemble distillation for robust model fusion in federated learning[J]. Advances in Neural Information Processing Systems, 2020, 33: 2351-2363.

[49] LIU Q, CHEN C, QIN J, et al. Feddg: Federated domain generalization on medical image segmentation via episodic learning in continuous frequency space[C]. Proceedings of the IEEE/CVF Conference on Computer Vision and Pattern Recognition, 2021: 1013-1023.

[50] MCMAHAN B, MOORE E, RAMAGE D, et al. Communication-efficient learning of deep networks from decentralized data[C]. Artificial intelligence and statistics, 2017: 1273-1282.

[51] MOUSTAFA N, SLAY J. The evaluation of network anomaly detection systems: Statistical analysis of the unsw-nb15 data set and the comparison with the kdd99 data set[J]. Information Security Journal: A Global Perspective, 2016, 25（1-3）: 18-31.

[52] NGUYEN T D, MARCHAL S, MIETTINEN M, et al. Dot: A federated self-learning anomaly detection system for iot[C]. 2019 IEEE 39th ICDCS, 2019: 756-767.

[53] PHILIP N Y, RODRIGUES J J, WANG H, et al. Internet of things for in-home health monitoring systems: current advances, challenges and future directions[J]. IEEE Journal on Selected Areas in Communications, 2021, 39（2）: 300-310.

[54] QIAO F, ZHAO L, PENG X. Learning to learn single domain generalization [C]. Proceedings of the IEEE/CVF Conference on Computer Vision and Pattern Recognition, 2020: 12556-12565.

[55] Rey V, Sanchez P M S, Celdran A H, et al. Federated learning for malware detection in iot devices[J]. Computer Networks, 2022: 108693.

[56] RUFF L, VANDERMEULEN R A, GORNITZ N, et al. Deep semi-

supervised anomaly detection[C]. International conference on learning representations，2020.

[57] SHAHRIAR M H，HAQUE N I，RAHMAN M A，et al. Gids：Generative adversarial networks assisted intrusion detection system[C]. 2020 IEEE 44th Annual Computers，Software，and Applications Conference（COMPSAC），2020：376–385.

[58] SUN B，SAENKO K. Deep coral：Correlation alignment for deep domain adaptation[C]. European conference on computer vision，2016：443–450.

[59] TAN A Z，YU H，CUI L，et al. Towards personalized federated learning[C]. IEEE Transactions on Neural Networks and Learning Systems，2022.

[60] TRAN L，MUN M Y，SHAHABI C. Real–time distance–based outlier detection in data streams[J]. Proceedings of the VLDB Endowment，2020，14（2）：141–153.

[61] YUROCHKIN M，AGARWAL M，GHOSH S，et al. Bayesian nonparametric federated learning of neural networks[C]. International Conference on Machine Learning，2019：7252–7261.

[62] ZHANG H，CISSE M，DAUPHIN Y N，et al. mixup：Beyond empirical risk minimization[J]. DOI：arXiv：1710.09412，2017.

[63] ZHANG T，HE C，MA T，et al. Federated learning for internet of things[C]. Proceedings of the 19th ACM Conference SenSys，2021：413–419.

[64] ZHANG Z，SABUNCU M. Generalized cross entropy loss for training deep neural networks with noisy labels[J]. DOI：arXio：1805.07836，2018.

[65] ZHOU C，PAFFENROTH R C. Anomaly detection with robust deep autoencoders[C]. Proceedings of the 23rd ACM SIGKDD，2017：665–674.

[66] ZONG B，SONG Q，MIN M R，et al. Deep autoencoding gaussian mixture model for unsupervised anomaly detection[C]. International conference on learning representations，2018.

[67] 全国网络安全标准化技术委员会.数据安全技术 数据分类分级规则：GB/T 43697–2024[S].

[68] 全国信息安全标准化技术委员会.网络安全标准实践指南—网络数据分

类分级指引：TC260-PG-20212A[S].

[69] 全国信息安全标准化技术委员会.网络安全标准实践指南——网络数据安全风险评估实施指引：TC260-PG-20231A[S].

[70] 全国信息安全标准化技术委员会.信息安全技术 信息安全风险评估方法：GB/T 20984-2022[S].

[71] 全国信息安全标准化技术委员会秘书处.关于国家标准《信息安全技术 重要数据处理安全要求》征求意见稿征求意见的通知.https://www.tc260.org.cn/front/bzzqyjDetail.html?id=20230825155527429474&norm_id=20221102143953&recode_id=52804[DB/OL]. 2023-08-25.

[72] 全国信息安全标准化技术委员会秘书处.关于国家标准《信息安全技术 数据安全风险评估方法》征求意见稿征求意见的通知. https://www.tc260.org.cn/front/bzzqyjDetail.html?id=20230822155039&norm_id=20221102153104&recode_id=52641[DB/OL].2023-08-21.

[73] 工业和信息化部. 工业和信息化部关于印发《工业和信息化领域数据安全管理办法（试行）》的通知.工信部网安〔2022〕166号.2022-12-08.

[74] 工业和信息化部.电信领域重要数据识别指南：YDT 3867-2024[S].

[75] 中国通信标准化协会.基础电信企业数据分类分级方法：YD/T 3813-2020[S].

[76] 全国金融标准化技术委员会.金融数据安全 数据安全分级指南：JR/T 0197-2020[S].

[77] 全国信息安全标准化技术委员会. 信息安全技术 网络安全等级保护基本要求.GB/T 22239-2019[S].

[78] 全国信息安全标准化技术委员会.信息安全技术 政务信息共享 数据安全技术要求：GB/T 39477-2020[S].

[79] 全国信息安全标准化技术委员会.信息安全技术 个人信息去标识化指南：GB/T 37964-2019[S].

[80] 全国信息安全标准化技术委员会. 信息安全技术 个人信息安全规范：GB/T 35273-2020[S].

[81] 全国金融标准化技术委员会. 金融数据安全 数据生命周期安全规范：JR/T 0223-2021[S].

[82] 国务院公报.中共中央 国务院关于构建数据基础制度更好发挥数据要素作用的意见.2023年第1号.